BIBLIOTHÈQUE SCIENTIFIQUE CONTEMPORAINE

LES SOCIÉTÉS
CHEZ LES ANIMAUX

DU MÊME AUTEUR

Manipulations de zoologie. Guide pour les travaux pratiques de dissection. Animaux invertébrés. Paris, 1889. 1 vol. gr. in-8, avec 25 pl. noires et col., cart. 10 fr.

Manipulations de zoologie. Guide pour les travaux pratiques de dissection. Animaux vertébrés. 1 vol. gr. in-8, avec 25 planches, cart. (Sous presse).

Manipulations de botanique. Guide pour les travaux d'histologie végétale. Paris, 1887, 1 vol. gr. in-8, avec 20 planches, cart........................ 7 fr.

Les Poissons d'après Aristote. Paris, 1880, 1 vol. gr. in-8.

Recherches sur l'organisation des mollusques céphalopodes : I. Sur la poche du noir. — II. Sur la peau. — III. Sur la ventouse (Archives de zoologie expérimentale). Paris, 1882, 1883, 1884. 1 vol. gr. in-8, avec 7 planches en couleurs.

Les Stations de l'Age du renne, dans les vallées de la Vézère et de la Corrèze. Documents publiés par le Dr Paul GIROD et Élie MASSÉNAT. Paris, 1888. 1 vol. in-4, avec 100 planches hors texte.

L'ouvrage doit former 10 fascicules de 10 planches chacun. En vente : fascicules I à III. Prix de chaque fascicule.............................. 5 fr.

Travaux du laboratoire de zoologie du Dr Paul Girod (Faculté des sciences de Clermont). P. GIROD, Les éponges des eaux douces d'Auvergne. — J. RICHARD. Copépodes et cladocères du Plateau central. — J.-B. EUSÉBIO, La Faune pélagique des lacs d'Auvergne. — Paul GIROD, Recherches sur la chlorophylle des animaux. — J. RICHARD, Recherches physiologiques sur les gastéropodes pulmonés. Tome I, 1887-1888. 1 vol. gr. in-8, avec 2 planches gravées. 7 fr.

Les Vipères, traitement de leurs morsures. Paris, 1889, in-8, 16 p..... 1 fr.

6762-90. — CORBEIL. — Imprimerie CRÉTÉ.

LES SOCIÉTÉS

CHEZ

LES ANIMAUX

PAR

LE Dr PAUL GIROD

Professeur-adjoint à la Faculté des sciences de Clermont-Ferrand
Professeur à l'École de Médecine
Lauréat de l'Institut

Avec 53 figures intercalées dans le texte.

PARIS
LIBRAIRIE J.-B. BAILLIÈRE ET FILS
RUE HAUTEFEUILLE, 19, PRÈS DU BOULEVARD SAINT-GERMAIN

1891

LES SOCIÉTÉS chez les animaux

INTRODUCTION

Les formes sociales.

Pour qu'une espèce animale persiste, il faut qu'elle remplisse deux conditions essentielles : la première, que de nouveaux individus succèdent aux individus âgés, prêts à disparaître, et la seconde, que ces jeunes individus survivent en nombre suffisant, dans la lutte pour l'existence. La reproduction s'impose donc à chaque espèce, et elle répond ainsi à la première de ces conditions.

La reproduction se fait de deux façons différentes. Par mode asexué, l'individu détache une partie de sa masse qui devient un nouvel individu qu'on peut nommer *blastozoïte* (animal produit par bourgeonnement). Par mode sexué, l'individu hermaphrodite, ou deux individus de sexes différents, l'un mâle, l'autre femelle, émettent une cellule femelle, l'œuf, et une cellule mâle, le spermatozoïde, et, de l'union de ces cellules sexuées, provient un protoplasme rajeuni, capable de se développer en un individu nouveau. On peut opposer ce dernier au blastozoïte sous le nom d'*oozoïte* (animal sorti d'un œuf).

L'individu oozoïte peut, arrivé à l'état adulte, posséder les deux formes de reproduction que nous venons de décrire, ou donner seulement des œufs qui, fécondés, se développent en nouveaux oozoïtes.

Dans ce dernier cas, les oozoïtes restent libres et indépendants, ils constituent chacun un individu distinct.

Dans le premier cas au contraire la formation des blastozoïtes détermine deux dispositions fondamentales. Si les bourgeons produits par l'oozoïte se détachent de l'individu mère après leur formation et mènent une vie indépendante, chacun d'eux devient un nouvel individu libre par dissociation, un *blastozoïte dissocié*. Si, au contraire, les bourgeons restent fixés à l'oozoïte, conservant avec lui des relations organiques, plus ou moins larges, on a sous les yeux un groupe de *blastozoïtes associés*, et ces derniers forment avec l'oozoïte initial un ensemble que l'on peut caractériser par le mot : *colonie*.

Dans la colonie, les blastozoïtes, individus bourgeons, restent en rapport plus ou moins étroit, par leurs organes de nutrition ; mais, dans les formes les plus simples, chaque individu conserve une indépendance relative par rapport à ses voisins. Cependant, ce fait d'être attaché d'une façon si définitive aux individus formant la colonie, donne à l'individu son caractère particulier. Il ne peut se séparer de l'ensemble, se grouper d'autre manière avec d'autres individus de son espèce; ses fonctions de relation sont ainsi fixées dans une limite définie; c'est un prisonnier rivé à sa chaîne, confiné en un point donné de la colonie et d'où il ne pourra sortir que par l'anéantissement de son organisme. Ainsi sont groupés l'oozoïte initial et les blastozoïtes associés dans une colonie.

La tendance à la division du travail se manifeste avec une grande intensité, et les blastozoïtes associés tendent à s'adapter aux conditions particulières, pour prendre une part active dans la vie de l'ensemble. Ainsi se créent des catégories distinctes d'individus, préposés à telles ou telles fonctions spéciales. Cette tendance conduit insensiblement à la transformation de l'*individu* en *organe*, et par ce fait même la fusion insensible de ces individus transformés tend à faire de la colonie un organisme unique, qui finit par devenir un véritable *individu colonial.*

L'indépendance relative des blastozoïtes dans les colonies typiques permet de conclure à des consciences multiples à peine susceptibles d'actions combinées; mais à mesure que l'individu perd cette indépendance, la direction de la colonie se localise de plus en plus dans certains individus qui, lorsque la fusion est complète, deviennent des organes chargés de la direction de l'individu colonial. Dès lors les consciences multiples des individus se concentrent en une conscience unique qui donne à l'individualité coloniale son caractère fondamental.

Si chaque individu de la colonie produit à son tour des blastozoïtes, on conçoit que ces rameaux de générations successives, groupés autour de l'axe initial, forment une *colonie de colonies* plus ou moins complexes. Si ici la tendance à la fusion des individus se manifeste, l'*individu colonial* issu de cette transformation présente, au point de vue de son origine et de son organisation, une complexité d'autant plus grande que les générations de blastozoïtes, devenues organes, sont plus nombreuses en individus et d'ordre plus élevé dans la continuité des séries successives.

Les êtres formés d'une cellule unique et qu'on nomme *Protozoaires* n'échappent pas aux données que nous venons d'acquérir en nous adressant plus particulièrement aux animaux formés de cellules nombreuses, les *Métazoaires*.

L'individu unicellulaire est capable de se multiplier par scission, donnant ainsi deux individus nouveaux ; l'un représente ce qui reste de l'individu mère, l'autre peut être comparé à une sorte de bourgeon, *blastozoïte*. Si ces divisions successives se produisent sans que les nouvelles cellules formées aient une tendance à s'éloigner les unes des autres, bien mieux, si des filaments protoplasmiques établissent une communication constante entre ces individus, on a de véritables *colonies*.

Entre ces colonies formées de nombreux individus unicellulaires et un individu métazoaire simple, il est facile d'établir une relation directe. Une fusion plus intime entre les cellules en fait un tissu fondamental, la différenciation des éléments fait sortir de cette matrice commune les tissus préposés aux fonctions diverses, et la colonie de Protozoaires devient ainsi un *individu métazoaire simple.* Nous aurons, dans le cours de cet ouvrage, à revenir en détail sur la comparaison de l'individu et de la colonie, et nous aurons à rechercher dans les travaux des naturalistes les preuves autorisant ces conclusions; mais, avant de pousser plus loin ces généralités, nous devons considérer comme établies dans la série animale les étapes suivantes pour la constitution de l'individualité :

1. L'individu protozoaire, cellule unique. — 2. La colonie d'individus protozoaires. — 3. L'individu métazoaire simple formé de cellules nombreuses. — 4. La colonie d'individus métazoaires simples. — 5. Les formes coloniales ou la division du travail transforme peu à peu le blastozoïte en organe. — 6. L'individu colonial.

Individus ou colonies sont capables de former des *Sociétés* d'un ordre tout différent parce qu'ici ce sont des individus libres, des colonies formant des ensembles libres, qui se rapprochent d'individus et de colonies libres comme elles et forment des sociétés dont nous allons suivre les formes diverses. Dans ce cas, chaque élément associé conserve une complète liberté d'action, il peut, dans une certaine mesure, se séparer de l'ensemble et mener une vie indépendante ou entrer dans de nouvelles combinaisons sociales. Ici, les fonctions de relation prennent un degré de supériorité absolu, c'est grâce à elles que les éléments constitutifs d'une société entretiennent la persistance du lien qui maintient le groupement des individualités indépendantes. On peut réunir ces sociétés spéciales sous le nom d'*Associations*, sociétés de relation, qui s'opposent d'une façon si précise aux *Colonies*, sociétés de nutrition.

Si l'on recherche de semblables associations dans la série animale, on rencontre déjà chez les protozoaires des groupements de cellules qui, d'abord libres et indépendantes, se rapprochent et forment des associations plus ou moins compactes. L'examen de ces sociétés les montre comme très voisines des colonies, par leur organisation générale ; leur origine seule diffère et c'est là le point capital qui met en relief la distinction qu'il faut établir entre ces deux catégories de sociétés. Dans la colonie, les cellules formées par division, les blastozoïtes, sont restées unies et l'ensemble s'est accru par des divisions cellulaires nouvelles, donnant de nouveaux individus étroitement fixés à la masse coloniale. Dans l'association, au contraire, les cellules, quelle qu'en soit l'origine, ont mené une vie libre et elles se sont rapprochées, pouvant se séparer ou former de nouveau des ensembles de divers ordres.

Les associations d'individus ou de colonies sont très répandues parmi les métazoaires et se présentent avec des caractères correspondants. Il semble que la séparation des sexes sur deux individus distincts soit un premier pas vers la production de ces sociétés. L'hermaphroditisme avec possibilité pour l'individu de féconder ses propres œufs (autofécondation), l'hermaphroditisme entraînant l'action réciproque de deux individus (fécondation croisée), enfin la séparation des sexes marquent les étapes successives de la complexité croissante des dispositions nécessaires à la reproduction de l'espèce.

Mais il est une condition nécessaire qui, à côté de la reproduction, contribue à assurer la persistance de l'espèce ; il faut, avons-nous dit, que les jeunes survivent en nombre suffisant, malgré les causes d'anéantissement qui les assaillent. C'est pour répondre à cette seconde condition que les individus reproducteurs doivent assurer à leurs descendants les conditions les plus favorables, pour leur développement dans le milieu extérieur.

La lutte pour l'existence met en relief les individus les mieux adaptés et l'hérédité fixe les caractères acquis par ces derniers, amenant le perfectionnement de l'espèce et sa transformation graduelle.

Si l'adulte peut, par lui-même, se placer dans les conditions les plus favorables à sa persistance, le jeune doit trouver, du côté de ses générateurs, les conditions lui permettant d'atteindre un semblable but.

La persistance des jeunes est obtenue, soit par la production de germes en quantité immense, soit par des moyens de protection puissants, donnés aux germes.

Dans le premier cas, sur un nombre considérable d'œufs petits et mal protégés, le plus grand nombre est détruit, avant l'éclosion. Les jeunes qui sortent des œufs ayant échappé aux causes multiples d'anéantissement, subissent, à leur tour, l'action destructive du milieu. Ainsi, quelques-uns arrivent à l'âge adulte. Ici l'espèce lutte contre la mort par la multitude des descendants, dont quelques-uns, plus favorisés, assurent la persistance de l'espèce.

Dans le second cas, l'œuf plus volumineux est souvent enfermé dans une coquille résistante qui forme cuirasse et s'oppose à l'action des agents destructeurs; ailleurs, une provision de matières nutritives accompagne le germe, lui fournissant les moyens d'acquérir un développement plus grand et les forces nécessaires pour la lutte, avant d'abandonner la coquille protectrice.

Ailleurs, l'œuf se développe dans l'organisme maternel, trouvant dans l'organe qui le contient la nourriture et la protection nécessaires.

Dans le cas le plus complexe, les parents interviennent pour prodiguer aux œufs ou aux jeunes des soins assidus. La construction de nids de plus en plus parfaits est une première étape, et peu à peu s'établissent entre les parents et les jeunes des relations plus ou moins longues, qui nous conduisent à la famille, telle qu'on la rencontre chez les vertébrés supérieurs.

Entre ces formes multiples, on observe des intermédiaires nombreux et continus, et il est impossible de tracer une limite établissant des catégories tranchées pour une étude systématique. On passe insensiblement des animaux qui pondent leurs œufs, sans se préoccuper de leur avenir, aux animaux qui construisent des nids et président à l'éducation des jeunes, après la naissance. L'indifférence des premiers passe graduellement au tendre attachement des autres pour leur progéniture.

De cette façon, se constitue la famille où les deux parents à la fois jouent le rôle de protecteurs et d'éducateurs pour les jeunes. Mais, de même qu'au-dessous de ce type familial supérieur, se placent des types moins développés où un seul des générateurs intervient dans les soins donnés aux jeunes, ou même où la sollicitude se borne au choix fait d'un emplacement favorable pour recevoir les œufs ; de même peuvent se constituer des associations supérieures à la famille.

C'est à l'étude de ces associations que nous voulons consacrer les développements qui suivent.

Ici, comme pour la famille, l'instinct de la reproduction et l'instinct de la conservation président à la formation des associations.

Chaque fois que l'être se sent faible, contre les attaques de ses ennemis, il recherche ses semblables, pour trouver en eux un appui, et forme avec eux une masse plus résistante, plus forte, plus capable de triompher des dangers présents.

De même pour l'attaque, l'individu, combinant ses efforts et ses ruses à ceux de ses voisins, réduit plus facilement sa proie.

Mais la part que prend chaque individu dans l'association est fort distincte, suivant les types considérés, ce qui permet d'admettre une classification dans ces groupements, basée sur les rapports entre eux des animaux qui les composent.

Dans les *associations indifférentes*, l'associé apporte sa masse qui, réunie à la masse des autres associés, forme un corps social résistant, dans lequel les animaux conservent leur indépendance absolue, restant *indifférents* au sort de leurs voisins. Lorsque le besoin se fait sentir, les animaux se rassemblent, pour se séparer aussitôt que le but est atteint.

Dans les *associations réciproques*, la réunion des associés se fait dans des conditions semblables. L'association est temporaire, mais ici chaque animal met en commun sa force et son intelligence, demandant aux autres, et leur donnant en retour, son activité physique et morale. Il y a échange direct et constant d'impressions, mais il n'y a pas de lien durable assurant la persistance de l'association et chaque associé reprend sa liberté après l'action.

Dans les *associations permanentes*, l'association devient durable et les individus qui la composent s'unissent par des liens étroits, se prêtant un mutuel concours, et se partageant la garde et la protection de la société. La division du travail s'établit, donnant à chaque membre la faculté de développer ses aptitudes personnelles. Ici, l'association forme un tout homogène, véritable organisme social dont chaque famille représente un organe et dont chaque individu est un membre. Les familles et les individus disparaissent, mais ils produisent, avant de disparaître, une descendance d'êtres qu'ils initient aux travaux communs et qui prennent leur place dans les rangs de l'association. Ainsi, tandis que dans les *associations indifférentes* ou *réciproques*, l'individu est la base indispensable de l'association, dans les *associations permanentes*, l'individu et la famille jouent un rôle secondaire; ce qui est nécessaire, c'est la persistance de la descendance du membre fondateur de l'association; il ne s'agit plus d'un individu pris en particulier, mais des rameaux plus ou moins nombreux, s'élevant de la souche commune.

Les associations que nous venons d'esquisser se font toutes entre individus de la même espèce, mais nous devons réserver une place spéciale à de véritables *associations* formées par des individus d'espèces différentes. Ici des individus libres se rendent de mutuels services, *mutualistes*, ailleurs tel individu largement doué pour la capture des proies et les moyens de défense voit se grouper autour de lui des êtres plus faibles, véritables *commensaux*, qui trouvent la table et la protection dans le voisinage de leur puissant seigneur; ailleurs enfin les petits, abusant des devoirs de l'hospitalité, s'installent définitivement en *parasites* sur le corps de leur hôte ou dans ses propres viscères. Dans ce dernier cas, il faut reconnaître que la société ainsi établie ne peut être voulue par l'hôte qui se trouve en proie aux déprédations de ses terribles associés, mais le parasitisme se relie d'une façon insensible au commensalisme et permet de rattacher ces associations déviées de leur type fondamental aux sociétés qui se forment entre individus d'espèces distinctes.

Si les expressions *homogènes* et *hétérogènes* pouvaient exprimer la réunion d'individus de même espèce et d'espèces différentes, nous pourrions opposer les *Associations homogènes* — indifférentes, réciproques, persistantes — aux *Associations hétorogènes* qui embrassent l'histoire des mutualistes, des commensaux et des parasites.

Ces considérations générales nous amènent à l'exposé détaillé des faits sociaux observés chez les animaux. Il nous a semblé utile d'aller des formes animales les mieux connues de tout le monde, les Vertébrés, vers les types des Invertébrés, moins familiers à ceux qui abordent l'étude des sciences naturelles. De ce fait, nous abordons l'histoire des *Associations* avant celle des *Colonies*.

Nous avons mis à contribution toutes les observations publiées sur cet intéressant sujet, et nous avons pris pour guides les remarquables travaux d'Alfred Espinas et d'Edmond Perrier. Le premier, dans une étude de psychologie comparée, a posé sur des bases solides le problème des *Sociétés animales*; le second a cherché dans les *Colonies animales*, l'explication de la formation des organismes. La grande encyclopédie zoologique, les *Merveilles de la Nature*, dans laquelle Brehm a réuni tant de faits de mœurs et les récits des voyageurs sur les animaux, m'a été d'un grand secours et m'a fourni les figures qui accompagnent le texte.

PREMIÈRE PARTIE

Les Associations chez les Vertébrés

CHAPITRE PREMIER

LES ASSOCIATIONS INDIFFÉRENTES

I. Les caractères de ces associations.

Pour répondre à l'instinct de la conservation de l'espèce, l'animal se met à la recherche des endroits où l'aliment, la température, les moyens de protection extérieurs, se trouvent réunis, pour donner aux œufs et aux jeunes, les plus grandes chances de réaliser leur developpement complet, et d'échapper aux causes multiples de destruction. D'autre part, l'animal se préoccupe pour lui-même des lieux abondamment fournis des végétaux ou des animaux dont il fait sa nourriture. L'animal ne recule devant aucun obstacle, désireux de trouver la place où les jeunes prospéreront, assurant l'avenir de l'espèce, et pour rechercher les pâturages et les territoires de chasse nécessaires à sa propre existence.

Pour beaucoup d'animaux, le lieu privilégié est où ils ont toujours vécu ; mais, pour beaucoup d'autres, il faut des migrations vers des localités plus propices, migrations souvent fort régulières, dictées par les saisons, qu'il s'agisse de noces prochaines ou de fuite devant les frimas.

L'union fait la force, dit un vieil adage, aussi évident pour les animaux que pour l'homme. Aussi l'être faible qui a devant lui les longues routes à parcourir, où abondent les brigands de toutes sortes, recherche ses semblables pour former avec eux des bandes plus capables de résister aux attaques. Mais, dans ces bandes, il n'y a point de chef; ce sont des associations d'êtres poursuivant un même but, se pressant sur une même voie, prêts à se séparer quand le but sera atteint, se réunissant là parce que la nourriture y est abondante, s'arrêtant sur tel rivage parce que tout y est naturellement préparé pour la protection des jeunes. Aucun lien affectueux ne réunit ces individus. Ils vont droit devant eux sans se préoccuper de leurs voisins les plus proches. On s'unit un instant pour entreprendre le voyage et l'on se disperse ensuite sans s'inquiéter de ses compagnons et de leurs destinées.

Les bandes ainsi formées ne sont pas à l'abri des attaques de leurs ennemis, qui font de larges brèches dans les rangs nombreux et serrés, mais, malgré le carnage, beaucoup échappent à la mort. Ils ne songent pas à ceux qui tombent, ils suivent leur route, avec ce sentiment que, s'ils sont épargnés, c'est parce que leurs compagnons moins heureux ont servi de pâture aux carnassiers qui les poursuivent. Ce sentiment les pousse à se serrer plus étroitement encore les uns contre les autres, car le salut est dans la multitude.

II. Les poissons migrateurs.

De semblables bandes se rencontrent dans les diverses classes des Vertébrés. Chez les poissons, c'est au moment du frai que s'organisent ces bandes formées de femelles prêtes à pondre, et de mâles chargés de liqueur fécondante, qui vont à la recherche de plages chaudes, favorables à l'éclosion des œufs.

L'esturgeon, observé par Pallas dans la mer Caspienne, remonte au mois de mai, par grandes troupes dans les fleuves, souvent à de grandes distances de leur embouchure.

Ces poissons, extrêmement nombreux dans l'océan Pacifique et dans les eaux septentrionales de l'Atlantique, gagnent surtout les eaux douces au moment du frai. Duméril rapporte plusieurs faits de captures d'esturgeons dans nos rivières françaises. On en a pris dans la Moselle, à Sierck, au-dessous de Metz, à Pont-à-Mousson et dans la Loire, au Pont-de-Cé, près d'Angers. En 1800 pareilles captures furent faites à Neuilly-sur-Seine, près de Paris.

Le saumon mène, comme l'esturgeon, une vie partagée entre l'eau douce et l'eau salée. La première semble nécessaire au développement des œufs, le séjour à la mer est indispensable pour que le saumon acquière son développement. De là les migrations observées partout où le saumon se multiplie. Dans nos régions, c'est au printemps que le saumon gagne l'embouchure des fleuves, il se laisse porter par le flot dans la zone des eaux saumâtres, comme pour s'habituer au contact de l'eau douce; alors les rassemblements se forment et les groupes se dirigent vers les sources fraîches des rivières. D'après certains observateurs, les plus vieux saumons tiennent la tête de la bande, les jeunes suivant. Ils vont ainsi, renversant tous les obstacles, franchissant les barrages et les écluses en se servant de leur queue comme d'un ressort qui leur fait exécuter des bonds considérables, et ils atteignent les fonds frais, couverts de sable fin où ils enfouissent leurs œufs. C'est là que les jeunes éclosent et se développent et, au bout d'un ou deux ans, ils changent de teinte et se réunissent en bandes pour descendre vers la mer.

Des troupes plus considérables sont formées par les harengs, les sardines, les morues et de nombreuses espèces de poissons.

L'histoire si complète, donnée par Anderson, de la migration du hareng (fig. 1), et qui a conservé parmi les pêcheurs une certaine faveur, doit être abandonnée. Suivant cet auteur, ces poissons, massés pendant l'hiver sous les glaces polaires, descendent en janvier vers les mers tempérées en bandes compactes qui se séparent pour gagner les côtes septentrionales de l'Amérique et de l'Europe; ces immenses voyages sont de pure imagination. En effet, le hareng émigre des régions

Fig 1. — Le hareng commun.

profondes de la mer vers les côtes voisines et retourne après le frai à la haute mer où il s'enfonce, semblant disparaître. C'est dans la Manche que l'on observe, sur les côtes de France, avec le plus de netteté, l'arrivée des harengs. Au moment de la ponte ces poissons forment de véritables *lits* ou *bancs* de 5 à 6 kilomètres de long sur 3 ou 4 de large ; ils se pressent, bondissent, agitant la mer et se disposent sur une telle épaisseur qu'une rame a peine à pénétrer dans cette surface continue.

Ils recherchent les endroits garnis de pierres et de plantes, et y laissent les œufs qu'inonde la laitance des mâles. On a compté 63656 œufs dans une femelle de moyenne grosseur et l'on peut concevoir que le nombre de ces poissons ne puisse diminuer malgré les poursuites des poissons carnassiers, des cétacés, des oiseaux et de l'homme lui-même !

Les sardines et les anchois se comportent comme les harengs, et, comme eux, quittent les profondeurs pour gagner les côtes, au moment du frai.

La morue recherche, de la même façon, les bancs superficiels : « Les poissons, dit Brehm, apparaissent en quantités innombrables, par montagnes, suivant l'expression des Norvégiens, c'est-à-dire en troupes serrées et pressées, qui nagent les unes au-dessus des autres sur une épaisseur de plusieurs mètres et parfois sur une longueur de plusieurs milles : ils se dirigent vers les côtes ou sur les bancs de sable, pondent, puis disparaissent. »

III. Les montagnes d'oiseaux.

Les associations de nombreux oiseaux ont aussi pour but la reproduction. De là ces réunions souvent considérables d'individus observées sur des falaises, que les voyageurs ont pu dénommer des « montagnes d'oiseaux ». Dans son voyage aux îles Fœrœer, le docteur Labonne a observé ces associations, et je lui emprunte les détails suivants :

« La faune ornithologique est d'une telle richesse dans le nord de Stromœ et de d'Osterœ que c'est par *millions* que l'on voit les oiseaux couvrir les falaises ou les rochers. Puffins, pingouins, guillemots, goélands, tétrels, plongeons, cormorans, se donnent rendez-vous sur ces rivages, et, au premier coup de fusil que je tirai, l'air fût littéralement obscurci par la bande s'envolant effarouchée. Avec cela c'était un tapage, un bruissement d'ailes, des cris si assourdissants que nous ne nous entendions plus parler. L'effroi dura peu... et les oiseaux reprirent leurs places respectives.

« Tous ces oiseaux se réunissent pour confier leurs nids aux falaises et pour y couver leurs œufs. Les rochers sont sans doute choisis parmi ceux qui surplombent les petits golfes où abondent les poissons et les mollusques dont ces oiseaux font leur nourriture, et qui présentent des corniches, des crevasses, des grottes pour recevoir les nids. Bientôt la falaise devient une véritable ruche où tous ces oiseaux entrent et sortent, apportant la nourriture ou allant en quête d'une proie. Les nids sont fort simples chez ces oiseaux : quelques débris d'algues, quelques herbes desséchées forment un lit qui reçoit les œufs quand ils ne sont pas déposés directement sur la pierre nue.

« C'est à la recherche de ces œufs que les naturels du pays consacrent la belle saison. Pour arriver aux oiseaux, sur ces falaises abruptes, il faut que le chasseur, suspendu à une corde, se fasse descendre sur la paroi verticale du rocher ; là il lutte contre les oiseaux qui l'entourent et leur arrache leurs œufs et leurs jeunes.

« Après la ponte, ces oiseaux se dispersent et reprennent leurs habitudes pélagiques. »

IV. Les voyages de l'hirondelle et de l'ectopiste.

Beaucoup d'oiseaux qui, comme les hirondelles, quittent notre pays en automne pour y revenir au printemps, obéissent, en réalité, à une semblable impulsion. Ils se réunissent en associations plus ou moins compactes, et leur bandes viennent nicher sur notre sol; puis ils retournent passer l'hiver dans les régions chaudes du Midi, remettant pour l'année suivante leurs migrations nouvelles vers nos climats favorables au développement des jeunes. Ici, un long voyage est nécessaire pour gagner les lieux choisis pour l'hivernage et revenir aux nids pour la ponte. Dans quelles conditions s'organisent et s'effectuent ces migrations lointaines?

Les hirondelles (fig. 2) sont les mieux connus des oiseaux migrateurs :

« Le départ des Hirundinidés, dit M. Gerbe, se

Fig. 2. — L'Hirondelle rustiqne.

fait ordinairement en société. Lorsque les individus d'un même canton sont sollicités par le besoin de changer de climat, on les voit plus agités que de coutume, leurs cris d'appel sont plus fréquents; ils ont plus de tendance à s'attrouper et à s'ébattre dans les airs; ils se rassemblent plusieurs fois dans la journée sur les toits, sur les corniches des maisons, sur les branches desséchées qui couronnent les arbres. Leur agitation, leurs cris, leurs exercices journaliers, sont l'indice certain de leur disparition prochaine; enfin, lorsque le jour de leur départ est arrivé, tous ensemble s'élèvent lentement dans les hautes régions de l'air, en poussant des cris et en tournoyant. Les Hirundinidés ont probablement pour but, en s'élevant ainsi, d'agrandir leur horizon, afin de découvrir plus aisément le point où ils doivent tendre.

» Les Hirundinidés entreprennent leur voyage à toute heure de la journée, si le temps et les vents sont favorables ; mais ils choisissent de préférence les heures du soir. Ils ont cela de commun avec la plupart des oiseaux qui émigrent en société, qu'ils partent lorsque le soleil tombe à l'horizon. Ceux qui n'ont pu suivre la masse voyagent seuls ou en petit nombre et suivent la même route...

» L'hirondelle de cheminée et l'hirondelle de fenêtre se reposent très certainement pendant leur voyage. Il n'est pas rare, en septembre et en octobre, lors de leurs migrations, de surprendre de très grand matin ces espèces dans les bois où elles ont passé la nuit. Au reste, tous les voyageurs qui traversent la Méditerranée, à l'époque des départs, savent qu'il est assez commun de voir des hirondelles fatiguées venir s'abattre sur les navires.

» Ces oiseaux, comme tous ceux qui entreprennent des courses lointaines, paraissent donc voyager par étapes, s'il est permis d'ainsi dire ; comme eux aussi, loin de se tenir constamment dans les hautes régions, ils en descendent. Le matin, au lever du soleil, leur vol est toujours bas : il l'est aussi, lorsque, durant le jour, des besoins de nourriture les ramènent vers la terre. Lorsque leur appétit est satisfait, ils s'élèvent de nouveau dans les airs et reprennent la direction qu'un moment ils avaient abandonnée. »

Nous nous trouvons bien ici en présence de véritables bandes; si les jeunes profitent de l'expérience des aînés, les faibles trouvent l'entraînement qui décuple ses forces. Tous ces oiseaux partent poussés par le même besoin. Il n'y a pas de chef et l'on ne voit pas se manifester de sentiments affectueux amenant les plus forts à protéger les faibles. Ceux qui tombent épuisés sont laissés en arrière par la bande, qui poursuit sa route, vers le midi de l'Afrique.

Ce sont les martinets qui nous quittent les premiers, au commencement d'août; ils sont bientôt suivis par les loriots, les coucous, les gorges-bleues, les pies-grièches, les cailles. En septembre, les oiseaux chanteurs, rossignols et fauvettes, nous quittent à leur tour. Les hirondelles se rassemblent et donnent le signal du départ aux retardataires, hoche-queues, rouges-gorges, alouettes, grives, merles, éperviers, buses, bécasses, poules d'eau et oies qui fuient devant les froids d'octobre.

L'ectopiste migrateur (fig. 3), pigeon de l'Amérique du Nord, semble présenter au maximum ce besoin de s'unir en bandes compactes pour changer de lieu. Le nombre incalculable des individus qui se groupent pour ces migrations, entraîne l'anéantissement rapide de tout ce qui, dans une région déterminée, peut servir à l'alimentation ; de là le déplacement continuel de ces nuées d'oiseaux qui s'abattent pour tout dévorer et reprendre leur vol, vers des pays abondants en graines de toutes sortes.

Audubon, dans un récit fort exact, confirmé par les descriptions de tous les voyageurs, nous peint ces migrations dont l'imagination a peine à concevoir l'étendue.

« Pendant l'automne de 1813, je partis de Henderson où j'habitais, sur les bords de l'Ohio, me dirigeant vers Louisville... Plus j'avançais, plus je rencontrais de pigeons. L'air en était littéralement rempli, la lumière du jour, en plein midi, s'en trouvait obscurcie, comme par une éclipse ; la fiente tombait semblable aux flocons de neige fondante, et le bourdonnement continu des ailes m'étourdissait et me donnait envie de dormir. Avant le coucher du soleil, j'atteignis Louisville ; les pigeons passaient toujours en nombre et continuèrent ainsi pendant trois jours sans cesser...

» Il ne sera peut-être pas hors de propos de donner ici un aperçu du nombre des pigeons contenus dans l'une de ces puissantes agglomérations et

Fig. 3. — L'ectopiste migrateur.

de la quantité de nourriture journellement consommée par les oiseaux qui la composent... Prenons une colonne d'un mille de large, ce qui est bien au-dessous de la réalité, et concevons-la passant au-dessus de nous, sans interruption pendant trois heures, à raison également d'un mille par minute, nous aurons ainsi un parallèlogramme de 180 milles de long sur un mille de large. Supposons deux pigeons par mètre carré, le tout donnera un billion cent quinze millions cent cinquante six mille pigeons par chaque troupe, et comme chaque pigeon consomme journellement une bonne demi-pinte de nourriture, la quantité nécessaire pour subvenir à cette immense multitude devra être de huit millions sept cent douze mille boisseaux par jour... »

Ces bandes immenses s'abattent sur les forêts, sur les plantations, anéantissant les récoltes, brisant les arbres sous leur poids. L'homme leur fait une chasse acharnée. Lorsque les pigeons s'apprêtent à descendre, les fermiers du voisinage, avec chevaux, charrettes, fusils et munitions s'installent à la lisière de la forêt et le carnage commence :

« Déjà des milliers étaient abattus par des hommes armés de perches, mais il continuait d'en arriver sans relâche... C'était une scène lamentable de tumulte et de confusion. C'est à grand'peine si l'on entendait les coups de fusil et je ne m'apercevais qu'on eût tiré qu'en voyant recharger les armes... Les pigeons furent entassés par monceaux, chacun en prit ce qu'il voulut : puis on lâcha les cochons pour se rassasier du reste. »

V. Les migrations des rats et des lemmings.

Beaucoup de mammifères se réunissent pour former des bandes analogues à celles des oiseaux entreprenant de longs voyages pour rechercher l'aliment ou les conditions de température plus favorables.

Le surmulot (*Mus decumanus*) est le migrateur indigène le plus répandu. Ce rat semble avoir pénétré en Europe vers 1727. Pallas, le célèbre naturaliste russe, le décrit comme ayant fait irruption sur les bords de la mer Caspienne et dans les steppes de Koumanie dans l'automne de 1727, à la suite d'un tremblement de terre. En 1750 il atteignait la Prusse orientale et arrivait à Paris en 1753, après avoir couvert l'Allemagne. Il ne pénétra en Danemark que vers 1800; en Suisse, vers 1809. Des vaisseaux le transportèrent dès 1732 dans les Indes orientales et en 1775 dans l'Amérique du Nord. Le rat gris a maintenant envahi le monde entier. Il a trouvé sur notre sol et répandu déjà dans les deux mondes le rat noir (*Mus rattus*) qui, moins fort, a été peu à peu repoussé par l'envahisseur, traqué, détruit, forcé de se cacher dans des retraites écartées. Le rat noir qui jadis était un fléau, couvrant de ses bandes les villages et les villes est relégué maintenant dans les moulins déserts, dans les cabanes abandonnées.

Ces deux rats ont du reste les mêmes habitudes ; ils se réunissent en bandes pour envahir les lieux où règne l'abondance des provisions ou pour fuir devant le danger. C'est, au dire de Mission qui écrivait au XVIIe siècle, à la suite d'un tremblement de terre, que la ville de Ceretto fut attaquée par des bandes innombrables de rats noirs : « Les habitants durent opposer le fer et le feu à ces légions furieuses : on fit de bons retranchements et l'on exerça pendant plusieurs nuits une surveillance active, crainte de surprise : jamais alarme ne fut plus chaude. »

Depuis, ces invasions de rats ont été suivies dans toute l'Europe par de nombreux observateurs ; il me suffit de rappeler les cohortes qui traversèrent Paris, lorsqu'on construisit le boulevard Saint-Michel et le nouvel Hôtel-Dieu. Les démolitions et les transports de terrain qui furent faits alors déterminèrent cette émigration qui mit en émoi les quartiers voisins. Partout où des raisons majeures, destruction d'un domicile préféré ou disette d'aliments, se manifestent, on voit les rats se réunir pour aller à la recherche de lieux plus cléments. Si l'on se base sur ce fait qu'à Paris on tua, en quatre semaines, dans un seul abattoir seize mille rats, on peut se faire une idée du nombre incalculable de rats qui se trouvent répandus dans les égouts, dans les caves, dans les maisons, partout où se rencontre une parcelle de nourriture et l'on peut concevoir la formation de ces armées avec lesquelles les animaux de toutes espèces ont à compter.

Le lemming de Norvège (*Myodes lemmus*) se livre à de semblables voyages (fig. 4). Olaüs Magnus, évêque d'Upsal, le décrit pour la première fois en 1513. « Ces animaux dit-il, apparaissent comme les sauterelles, en bandes innombrables, ils dévorent tout ce qui est vert, et ce qu'ils ont mordu

Fig. 4. — Le lemming.

périt comme empoisonné... Lorsqu'ils veulent partir, ils se réunissent comme les hirondelles. » Ces animaux apparaissent subitement; de là la légende qui persista jusqu'en 1740, où Linné publia sa description du lemming, que ces rats naissent dans les nuages et tombent à terre.

Les lemmings forment des cohortes serrées ; ils s'avancent, s'arrêtant pour se reposer le jour, mais marchant toute la nuit. Les champs qu'ils rencontrent sont ravagés, labourés, toutes les herbes sont dévorées jusqu'aux racines. Rien ne les arrête, les montagnes sont franchies et ils se lancent sans hésiter dans les lacs, dans les fleuves rapides, poursuivant leur route, toujours droit devant eux. Ils vont ainsi vers la mer du Nord et le golfe de Bothnie poursuivis par les renards, les ours, les gloutons, les oiseaux de proie. Le renne lui-même poursuit le lemming. Le docteur Labonne m'a raconté avoir vu en Laponie le renne déchirer le lemming pour saisir dans l'estomac les herbes dont il est friand.

A côté des rats et des lemmings se placent de nombreux mammifères migrateurs, mais les bandes qu'ils forment sont très voisines de celles que nous venons de décrire, et nous nous bornons à ces deux exemples qui permettent de comprendre tous les cas de ces associations indifférentes.

CHAPITRE II

LES ASSOCIATIONS RÉCIPROQUES

Dans les associations réciproques, interviennent, entre les individus réunis, un échange d'idées et une entente préalable vers un but déterminé. Il n'y a plus seulement l'impulsion due au besoin de se reproduire ou de trouver une nourriture dans les conditions les plus favorables; il se manifeste une véritable volonté d'utiliser les forces et les aptitudes des individus associés. L'association sera temporaire, ce qui la distinguera de l'association permanente dont je traiterai bientôt, en insistant sur son caractère de durée et de persistance relatives, mais déjà ici se montre un lien étroit entre les membres associés qui permet à chacun d'eux de retirer de l'association un bénéfice direct dont il apprécie la portée.

I. Les alliances offensives et défensives.

Les poissons ne présentent pas de cas de ces rapports entre individus de la même bande. Les histoires des pêcheurs qui signalent des chefs, guides, rois, à la tête des troupes que nous avons étudiées, ne tiennent pas devant un examen sérieux, tout au plus pouvons-nous penser que les adultes et parmi eux les plus âgés, plus expérimentés, poussés par une impulsion plus vive, prennent la tête de la bande.

C'est chez les oiseaux que s'observent de semblables associations. En effet, à côté des bandes irrégulières que nous avons décrites, on observe des troupes où les individus se disposent dans un ordre défini, le plus favorable au vol, et où chaque individu prend successivement la tête de la colonne de façon à supporter à son tour la fatigue la plus grande. Beaucoup d'échassiers, les grues en particulier, sont de ce nombre.

« Les grues portent leur vol très haut, dit Buffon, et se mettent en ordre pour voyager, elles forment un triangle à peu près isocèle, pour fendre l'air plus aisément. Quand le vent se renforce et menace de les rompre, elles se ressèrrent en cercle, ce qu'elles font aussi quand l'aigle les attaque. Leur passage se fait le plus souvent la nuit, mais leur voix éclatante avertit de leur marche. Dans le triangle, l'oiseau qui occupe le sommet fait entendre fréquemment une voix de réclame pour avertir de la route qu'il tient : elle est répétée par toute la troupe, où chacune répond comme pour faire connaître qu'elle suit et garde la ligne. On observe de temps en temps un mouvement dans l'ensemble. L'oiseau de tête cède sa place à un autre et se porte à l'arrière pour bénéficier à son tour de cette position où le vol est plus facile par la moindre résistance de l'air. »

D'autres oiseaux se disposent sur une seule ligne, d'autres sur plusieurs rangs, et cette tendance à adopter une forme géométrique plus favorable à la progression dans l'air est une première indication d'une entente raisonnée entre les individus associés.

Mais l'association réciproque s'affirme avec la plus grande netteté lorsque, toute temporaire qu'elle soit, elle se forme dans un but particulier, qui demande, pour être atteint, une plus grande participation des associés. Nous voyons de semblables groupements se produire, soit pour la capture de proies que l'effort d'un individu réduit à ses propres forces ne pourrait assurer, soit pour la défense contre un ennemi imprévu et puissant, capable de triompher de chaque individu pris en particulier.

Les loups s'unissent en meutes pour réduire le bœuf ou le cheval. L'animal qui tient tête facilement à un loup, ne peut se défendre de tous côtés, contre les assaillants, et finit par succomber. Dans d'autres cas, certains loups simulent une attaque, pour attirer le berger et les chiens pendant que d'autres loups de la même bande tombent au milieu du troupeau, livré par cette fausse attaque. D'autres fois, c'est vers une embuscade où se cachent quelques loups, que d'autres loups conduisent la proie. D'après le capitaine Franklin, les loups forment une ligne, pour envelopper les rennes et les pousser vers les précipices où ils dévorent leurs cadavres.

Nos chiens de chasse manifestent au plus haut

point cette entente pour la poursuite et l'attaque du gibier. Aussi retrouvons-nous dans les chiens sauvages des habitudes semblables. « A la chasse, dit Brehm (1), les colsuns (fig. 5), ont les mêmes habitudes que les loups, mais ils se distinguent de ceux-ci par leur courage et les bons rapports où ils vivent entre eux. Dès que la meute a aperçu une proie, elle la poursuit avec persévérance et se divise pour lui fermer la retraite. L'un la saisit à la gorge, la renverse, les autres se précipitent dessus et la dévorent en quelques instants. Le sanglier furieux devient leur proie, malgré sa vigoureuse défense, et le cerf agile ne peut leur échapper. On assure même que les colsuns n'hésitent pas à attaquer un animal dangereux, comme le tigre ou l'ours, plusieurs d'entre eux trouveront la mort sous les griffes du tigre, ou seront étouffés entre les pattes de l'ours, les autres n'en seront nullement découragés; ils se précipitent à nouveau sur leur adversaire; leur hardiesse et leur agilité finissent par le fatiguer, et il succombe sous leurs attaques. »

La réunion pour la défense se montre chez les petits oiseaux contre les rapaces diurnes ou nocturnes qui les poursuivent. J'ai maintes fois observé l'épervier harcelé par une bande d'hirondelles. Profitant de leur agilité si grande, les hirondelles, lorsqu'elles découvrent le cruel ennemi, s'unissent et le poursuivent de leurs cris, le pourchassent à coups de bec et l'obligent à rentrer sous bois et à abandonner sa chasse. L'au-

tour trouve dans les corneilles et dans les hirondelles des justiciers du même ordre.

Les strigiens, hiboux et chouettes, n'ont pas beaucoup d'amis. « Tous les oiseaux diurnes, dit Brehm, les haïssent; on dirait qu'ils ont à se venger des attaques de ces rapaces de nuit. Lorsqu'un strigien se montre, tous les oiseaux diurnes donnent des témoignages d'une excitation extrême, les petits oiseaux font retentir l'air de leurs cris; toute la forêt est en émoi. Une espèce appelle l'autre, toutes accourent, harcèlent l'oiseau nocturne de leurs cris : les plus forts, même, lui donnent des coups de bec. »

Le serpent est un des plus cruels ennemis de l'oiseau, aussi est-il traité comme l'oiseau de proie. J'ai vu un jour six fauvettes poursuivant de leurs cris deux grandes couleuvres : les serpents glissaient dans les feuilles, et les oiseaux sautant de branche en branche, les accompagnaient en multipliant leurs appels, éloignant par ce vacarme les redoutables ravisseurs. C'est dans les régions tropicales, où rampent les plus grands et les plus terribles serpents, que ces associations se montrent dans toute leur intensité. L'oiseau cherche, par tous les moyens possibles, à placer son nid dans une position inaccessible, d'autres fois, il recherche le voisinage de l'habitation humaine qui éloigne le serpent, mais souvent il se rapproche des individus de la même espèce ou d'espèces distinctes, tressant son nid à côté de ceux de ses voisins, et, au premier signal, tous se précipitent contre l'adversaire. Dans ce dernier cas, la constance du danger rend l'association temporaire plus longue et plus durable, puisque pendant toute l'incubation, les associés se tiennent à proximité les uns des autres, prêts à se donner un mutuel secours. C'est à cette série qu'appartient le rapprochement de la quiscale (*Quiscalus versicolor*) et de l'orfraie. « Ces petits oiseaux, dit Wood, au lieu de fuir les oiseaux de proie, occupent courageusement le nid de l'orfraie. Ce nid est un large édifice, fait de branches, de gazon, d'algues, de feuilles et d'autres matériaux de ce genre.

« Comme les bâtons qui servent à la fondation du nid sont très larges, et ne sont pas d'une forme très régulière, il y a entre eux de considérables intervalles, et c'est dans ces intervalles que nichent les quiscales versicolores.

« L'orfraie leur permet de s'établir dans ces espaces laissés libres par les branches qu'il a posées et qui lui appartiennent; plusieurs groupes de quiscales s'y abritent comme d'humbles vassaux autour du château de leur suzerain, déposent leurs œufs, élèvent leurs petits, et vivent en bonne harmonie avec les maîtres du lieu.

« Ces nids sont faits avec soin de limon, de racines, de gazon ; ils ont dix centimètres de profondeur et sont chaudement tapissés de crins de chevaux et de très beaux brins d'herbe. Il est curieux que cet oiseau, ayant la faculté de construire son nid, ne manque jamais de partager la maison de l'orfraie, lorsqu'il s'en trouve une dans les environs. »

Ce besoin de protection raisonné, qui pousse les couples à se rapprocher au moment de la ponte, pour construire des nids à portée les uns des autres, nous fait rattacher à ce second type d'associations, ces groupements de nids qu'on a voulu comparer à des villes d'oiseaux, mais qui, en réalité, ne méritent pas ce titre, étant donnés les rapports de leurs habitants.

II. Les Républicains.

C'est chez les passereaux plocéides, chez les tisserins, que se montre, avec le plus de force, ce besoin d'union. Les tisserins à tête d'or, les tisserins loriot, les mahalis, suspendent aux branches voisines leurs nids en forme de bourse, de flacon ou de cornue. C'est un passage à la construction si spéciale d'un type du même groupe, le *Philetœrus socialis* ou Républicain.

Le Républicain (fig. 6) vit dans le sud de l'Afrique, où les voyageurs ont découvert l'organisation si étrange de leurs nids. W. Paterson indique le premier les mœurs de ces oiseaux, « qui vivent en communauté, pour se défendre contre les serpents qui détruiraient leurs œufs. La structure de leurs nids est très remarquable. A huit cents ou à mille, ils habitent sous un toit commun qui, comme un toit de chaume, recouvre une grande branche et ses rameaux, et déborde les nids, qui pendent au dessous, de telle façon qu'aucun serpent, qu'aucun carnassier n'y peut arriver. Ces oiseaux rivalisent d'industrie avec les abeilles. Ils sont tout le jour occupés à la recherche de l'herbe qui forme la partie essentielle de leur construction, à agrandir et à parfaire celle-ci. Chaque année, ils bâtissent de nouveaux nids, de telle façon que l'arbre ploie sous le faix de cette cité aérienne. Au-dessous du toit, se trouve une

Fig. 6. — Nid de Républicains.

masse d'ouvertures, conduisant chacune à un couloir sur les côtés duquel sont disposés les nids, à six centimètres environ l'un de l'autre. »

A. Schmith a complété cette description : « Lorsqu'ils ont trouvé un endroit convenable et ont commencé à établir leurs nids, ils se mettent à construire le toit commun. Chaque paire construit son nid particulier, mais si près de celui de ses voisines que, lorsque tout est achevé, on croirait voir un seul nid, recouvert d'un immense toit, et offrant à sa face inférieure une infinité de trous ronds. Ces nids ne servent pas à deux couvées; les oiseaux en construisent de nouveaux, au-dessous des premiers, de telle sorte qu'ils soient recouverts par le toit et les anciens nids. Ainsi, la construction augmente chaque année l'étendue jusqu'à ce que son poids amène la chute de la branche.

Le Vaillant rapporte ses observations personnelles sur ces étranges constructions, qui avaient si fort intéressé ses devanciers.

« Le jour de mon arrivée au camp, dit-il, j'avais aperçu sur ma route un arbre qui portait un énorme nid de ces oiseaux à qui j'avais donné le nom de Républicains, et je m'étais proposé de le faire abattre pour ouvrir la ruche et en examiner la structure dans ses moindres détails. J'envoyai quelques hommes, avec un chariot, chargés de me l'apporter au camp. Lorsqu'il fut arrivé, je le dépeçai à coups de hache et je vis que la pièce principale et fondamentale du nid était un massif composé, sans aucun autre mélange, de l'herbe de Boschjesman, mais si serré et si bien tissé qu'il était impénétrable à l'eau des pluies. C'est par ce moyen que commence la bâtisse et c'est là que chaque oiseau construit et applique son nid en particulier. Mais on ne bâtit de cellules qu'en dessous et autour du massif. La surface supérieure reste vide, sans être néanmoins inutile. Comme elle a des rebords saillants et qu'elle est un peu inclinée, elle sert à l'écoulement des eaux et préserve chaque habitation de la pluie. Qu'on se représente un énorme massif irrégulier, dont le sommet forme une espèce de toit et dont toutes les autres surfaces sont entièrement couvertes d'alvéoles, pressées les unes contre les autres, et l'on aura une idée assez précise de ces constructions vraiment singulières...

» Le gros nid que je visitai et qui était un des plus considérables que j'aie vus dans mon voyage, contenait trois cent vingt cellules habitées, ce qui, en supposant dans chacune un ménage composé de mâle et de femelle, annoncerait une société de six cent quarante individus. »

Tels sont les détails principaux que les voyageurs nous donnent sur les Républicains. Tous se rapportent à la constitution des nids et nous ne savons rien sur les mœurs des habitants de ces villes aériennes. Cette absence de renseignements nous porte à croire que rien n'est à signaler à cet effet, et que, n'était le rapprochement et la fusion des nids, ces oiseaux vivent par couple comme tous les autres oiseaux. Chaque couple conserve son indépendance absolue et ne se rapproche de ses voisins que dans le cas d'un danger pressant. C'est une juxtaposition de nids, mais non point un échange de sentiments qui se montre ici. Les rapports sociaux font défaut entre les individus associés et, s'il y a action commune, c'est temporairement, comme dans les types étudiés précédemment. Il ne faut donc pas voir une ville dans l'énorme construction dont il s'agit, encore moins une république, car le travail en commun, qui aboutit à la formation du chaume, n'est pas suffisant pour établir des rapports durables entre les travailleurs. La crainte du reptile, si l'on en croit Paterson, explique cette réunion de forces multiples vers un but commun, comme elle explique la formation des groupes d'oiseaux s'acharnant à la poursuite du hibou et du serpent. Mais, en dehors de ce travail, aucun lien affectueux ne se manifeste, aucune direction ne préside au groupement des nids et à l'existence des habitants. Toute place libre est occupée par un nouveau couple qui mène sa vie propre, trouvant dans le rapprochement de ses voisins une sécurité plus grande. Quant à la comparaison avec une ruche d'abeille, nous aurons à revenir plus tard sur ce point et à faire ressortir les différences fondamentales qui font de la construction des Républicains une forme spéciale dans les associations réciproques.

Aux communautés d'oiseaux que nous venons d'étudier, correspondent, chez les mammifères, des groupements d'ordres divers.

A côté des meutes temporaires des colsuns se placent les associations des lapins, des chiens de prairie, des marmottes. Ces associations prennent un caractère de durée et la construction d'habitations fort voisines établit une certaine solidarité entre les associés.

Les terriers des lapins communiquent entre eux et les lapins traqués profitent de toutes ces issues pour s'échapper.

Les marmottes posent des sentinelles qui veillent à la protection commune.

III. Les castors, leurs villes.

Le type le plus étrange et le plus intéressant à étudier parmi les constructeurs qui doivent nous occuper maintenant, est à coup sûr le castor (fig. 7). Poursuivi, pourchassé avec une violence inouïe, traqué sans quartier par l'homme qui trouve dans sa peau un produit fort estimé, le castor a fui devant la civilisation, laissant peu à peu disparaître les derniers vestiges de sa merveilleuse industrie.

En 1520, au dire d'Olaüs Magnus, évêque d'Upsal, le castor était encore commun sur le Rhin, le Danube, les bords de la mer Noire et il construisait encore dans le Nord ses demeures avec un art incomparable.

Aujourd'hui, toutes les localités françaises où il abondait : la Saône, le Gardon, la Durance, la Bièvre, en sont dépourvues, c'est à peine si l'on rencontre encore sur les bords du Rhône, entre Pont-Saint-Esprit et la mer, quelques rares individus de cette espèce.

Il y a deux cents ans, La Houtan signale dans toutes les forêts du Canada les étangs à castor. Depuis, le commerce des peaux, qui exporte annuellement quatre mille à cinq mille peaux, a si bien anéanti l'espèce, qu'il fallait déjà en 1849, au dire d'Audubon, parcourir des milliers de lieux dans ces régions privilégiées, pour retrouver des castors épargnés, ayant conservé leurs mœurs primitives.

En présence de ces faits, nous pouvons conclure que les mœurs du castor se sont profondément modifiées et nous sommes mal venus de considérer comme fables les descriptions des auteurs anciens. Aussi, je crois bon de puiser les éléments de ce résumé dans les descriptions de Buffon où il discute et apprécie avec tant de rectitude les matériaux dont il pouvait disposer.

Les castors commencent par s'assembler au mois de juin ou de juillet; ils arrivent en nombre de plusieurs côtés et forment bientôt une troupe de deux cents ou trois cents. Le lieu du rendez-vous est ordinairement le lieu de l'établissement, et c'est toujours au bord des eaux.

Si ce sont des eaux courantes qui sont sujettes à hausser ou à baisser, comme sur les ruisseaux, les rivières, ils établissent une digue, et forment ainsi une pièce d'eau qui se soutient toujours à la même hauteur. La chaussée traverse la rivière comme une écluse, et va d'un bord à l'autre souvent fort étendue. L'endroit choisi est ordinairement peu profond et le travail surprend autant par ses dimensions que par sa solidité.

Un arbre souvent plus gros que le corps d'un homme forme la pièce principale. Unissant l'action de leurs dents aiguës, plusieurs castors attaquent le pied et le scient en biseau jusqu'au moment où il se rompt et tombe du côté de la

Fig. 7. — Le castor.

rivière. Pendant ce temps d'autres castors coupent de moindres arbres sur le rivage et les conduisent par eau vers le lieu de construction. Les branches sont coupées, les surfaces égalisées, et les matériaux sont prêts à être mis en œuvre.

Les troncs les plus petits sont soulevés, dressés et tandis que des animaux plongent pour creuser la vase et y introduire l'extrémité du pieu, d'autres les dressent et les pressent sur le fond. Ainsi s'alignent des pilotis serrés qui soutiennent la grande pièce et forment la carcasse de la digue. Les maçons commencent alors leur œuvre; de la terre gâchée forme le ciment qui remplit toutes les ouvertures et forme avec le gazon et les feuilles une masse impénétrable à l'eau qui repose sur les pilotis. Les rangs de pieux se multiplient et la quantité de terre apportée est telle que la chaussée s'étend sur une surface de plusieurs mètres. Elle est taillée en talus du côté de l'eau qui la charge, à pic du côté opposé, disposition la meilleure pour sa résistance. Des ouvertures leur permettent de régler le débit de l'eau. Si une brèche se fait, elle est aussitôt comblée.

Ce grand ouvrage a pour but de rendre plus commodes leurs petites habitations.

Un nouveau pilotis est établi non loin du bord pour supporter les cabanes. Les troncs sont placés très près les uns des autres pour former un pilotis plein.

Chaque cabane a deux issues : l'une, pour aller à terre, l'autre, pour se jeter à l'eau. La forme de cet édifice est presque toujours ovale ou ronde. Il y en a à plusieurs étages. Lorsqu'il n'a qu'un étage, les murailles s'élèvent d'abord droites, puis prennent la courbure d'une voûte en anse de panier. Le tout est maçonné avec solidité, et enduit avec propreté en dehors et en dedans; il est impénétrable à l'eau des pluies et résiste aux vents les plus impétueux; les parois sont revêtues d'une espèce de stuc si bien gâché et si proprement appliqué, qu'il semble que la main de l'homme y ait passé. Ils mettent en œuvre différentes espèces de matériaux : des bois, des pierres et des terres sablonneuses qui ne sont point sujettes à se délayer à l'eau.

C'est dans l'eau, et près de leurs habitations qu'ils établissent leurs magasins. Là, ils accumulent les racines de nénuphar et les écorces d'arbres dont ils sont très friands.

La cabane n'est pas ordinairement destinée à un seul couple, on y trouve quatre, six, dix castors établis par paires, suivant la grandeur de la cabane.

Ces asiles ne redoutent que le fer de l'homme; et non seulement ils sont très sûrs, mais encore très propres et très commodes : le plancher est jonché de verdure et de débris d'écorce.

Lorsque l'hiver arrive, ils font une porte sous la glace et continuent leurs promenades vers le rivage au-dessous de la couche de glace.

Les cabanes sont construites à la fin d'août; ils font leurs provisions, et, en septembre, ils s'apparient. La femelle met bas à la fin de l'hiver deux ou trois petits. Les mâles quittent alors les cabanes; les mères seules y restent pour allaiter et élever leurs petits, puis elles se dispersent à leur tour pour se réunir à l'automne prochain.

Ces constructions si compliquées ont donc pour but de protéger les parents pendant l'hiver et forment, d'autre part, un abri assuré pour les jeunes jusqu'au moment où ils peuvent, à leur tour, recueillir les écorces dont ils se nourrissent.

Ces colonies sont rares maintenant. Les chasseurs, avides d'une proie facile, ont détruit ces cabanes, ruiné ces établissements paisibles, décimé ces populations ingénieuses. Les survivants ont formé de nouveaux villages, mais, traqués à leur tour, ils ont fui vers les solitudes lointaines, où l'on retrouve les derniers vestiges de leur industrie. Ailleurs, ils ont dû se cacher, se soustraire aux coups qui les frappent. Aussi, dans nos régions, ils s'enfouissent dans d'étroits terriers, et, sur beaucoup de points de la Sibérie et du Canada, ils mènent une semblable vie timide, sous la terre où ils se dérobent, et le moment n'est pas loin où les constructions du castor n'existeront plus que dans le souvenir, comme les habitations primitives de l'homme qui disparaissent devant notre civilisation.

L'ondatra musqué (*Ondatra zibetica*) du nord de l'Amérique édifie aussi des maisons assez larges, qui simulent des meules de foin. Ces cabanes sont posées sur les terrains marécageux où elles se soutiennent par leur base élargie. L'ondatra, recherché pour sa fourrure, disparaît comme le castor.

CHAPITRE III

LES ASSOCIATIONS PERMANENTES

I. Les associations des corneilles et des freux.

Les associations permanentes, où se manifestent la division du travail et des rapports plus étroits entre les individus, pour le plus grand bien de la société, sont d'ordre plus élevé et ne se rencontrent que dans les classes supérieures des vertébrés. Les oiseaux et les mammifères présentent seuls des organisations de cette nature.

Chez les oiseaux, l'association permanente est encore fort rudimentaire. Dans les types les plus élevés, chez les corneilles et les freux, par exemple, tout se borne aux dispositions suivantes. L'association est persistante, et le rôle joué par les individus varie suivant les nécessités du moment, les uns devenant des sentinelles, les autres cherchant leur nourriture, s'en remettant, pour leur sécurité, à l'œil vigilant des premiers. La division du travail s'indique ainsi d'une façon précise. Puis nous voyons intervenir une espèce de commandement que semblent exercer certains oiseaux sur les autres, et, sans nous laisser entraîner aux exagérations de quelques naturalistes, nous devons reconnaître une oligarchie qui maintient la colonie, la dirige, et en assure la persistance. Donnons des exemples.

Quiconque a habité la campagne a pu suivre les corneilles dans leurs évolutions quotidiennes et saisir leur manière de vivre. Pendant toute la matinée, les corneilles parcourent les prairies, cherchant les sillons fraîchement ouverts, les fumiers apportés, les trous des mulots et des campagnols. On les voit, comme des taches noires, fouillant le sol pour capturer les vers blancs, les lombrics, les insectes, les rats, qui fuient à leur approche. Pendant ce temps, sur les grands arbres du voisinage, veillent les sentinelles. Si l'homme apparaît, muni d'un bâton, rien ne bouge, les sentinelles restent immobiles sur les arbres de la route et regardent passer celui qu'elles ne redoutent point. Mais le chasseur, armé d'un fusil, est le signal de cris prolongés qui donnent l'alarme; les sentinelles s'envolent et toute la colonie les suit. Les paysans disent que les corneilles sentent la poudre; en tout cas, elles font fort bien la différence entre le passant indifférent et l'agresseur. L'oiseau de proie ne détermine pas une semblable panique; les sentinelles s'élèvent dans les airs suivis d'une partie de la bande et attaquent le rapace, le pousuivant de leurs cris et de leurs coups de bec. Dans ces actions diverses, une première corneille donne le signal, une des expérimentées sans doute, sorte de chef qui entraîne les sentinelles et partant, la colonie tout entière.

Pendant l'après-midi, les corneilles sont sur les arbres, elles digèrent et sommeillent pendant que, sur les branches les plus élevées, les sentinelles parcourent l'horizon du regard. A la moindre alerte, toutes s'élèvent en même temps, pour s'abattre en un lieu plus sûr.

Vers le soir, les corneilles prennent leur vol; elles s'assemblent, dans des endroits déterminés, véritables lieux de réunion où viennent chaque jour les mêmes individus. Alors, les cris commencent, immense caquetage qui dure jusqu'au coucher du soleil. Quel est le but de ces entrevues du soir? Il y a là une communication directe entre les individus de l'association, mais dont nous ne pouvons apprécier la portée.

Alors une avant-garde se met en route, fouille la forêt et choisit l'emplacement pour la nuit. C'est là que toutes les corneilles des alentours viendront, sans bruit, se percher pour dormir.

L'association persiste pendant la saison des amours, les deux conjoints se rapprochent, construisent leur nid, mais restent attachés à leurs associés. Bientôt tous les arbres voisins sont couverts de nids, souvent tellement serrés que l'arbre est transformé en une véritable ruche.

Les freux (*Frugilegus segetum*) (fig. 8), se comportent comme les corneilles, dont ils sont si voisins par leurs caractères anatomiques. L'emploi de sentinelles obéissant à quelques chefs protège les associés et rend l'association persistante. Mais, aussi bien chez les corneilles que chez les freux, intervient l'affection des individus entre eux qui les porte à s'entr'aider, à se prêter un mutuel secours. « Il est un trait de caractère, dit Jessé, qui est particulier aux freux, je crois, et leur fait grand honneur; c'est la douleur qu'ils témoignent lorsqu'un coup de fusil vient à abattre l'un d'eux dans le champ où ils fourragent ou qu'ils traversent de leur vol. Au lieu d'être intimidés par la détonation ou d'abandonner à son sort leur compagnon blessé ou tué, ils lui témoignent la plus vive sympathie, par leurs cris de douleur, et font preuve d'un grand désir de lui venir en aide en voltigeant au-dessus de lui : de temps à autre, ils le frôlent soudainement, comme pour tâcher de découvrir ce qui l'empêche de les suivre... Un jour qu'un de mes laboureurs ramassait un de ces oiseaux qu'il avait abattu, et dont il voulait faire un épouvantail, tandis que la malheureuse créature se débattait encore dans ses mains, je vis une de ses compagnes tournoyer dans l'air et passer comme une flèche tout près de la victime, presque à la toucher, peut-être avec un dernier espoir de pouvoir lui porter secours. Alors même que l'oiseau est mort et sert d'épouvantail au bout d'un bâton, ses anciens camarades viennent à lui, mais sitôt qu'ils reconnaissent qu'il n'y a plus d'espoir, généralement, ils quittent de compagnie les lieux. »

Cette sympathie des individus les uns pour les autres permet d'expliquer des faits étranges relatés par des observateurs fort consciencieux ; Romanes a réuni ces faits, nous lui empruntons les principaux.

« Lors de la construction des nids des freux, dit Goldsmith, l'activité fébrile qui anime les architectes au début se calme vite, bientôt il se fatiguent d'aller au loin chercher les matériaux, et trouvent qu'avec un peu d'adresse ils peuvent

Fig. 8. — Les freux.

s'en procurer dans les environs. Dès lors, ils ne songent plus qu'à piller là où ils peuvent : voient-ils un nid sans défense, ils en retirent les meilleurs bouts de bois. Mais ces actes de piraterie ne restent jamais impunis ; plainte est-elle portée? En tout cas, le châtiment est infligé publiquement. J'ai vu, en pareille occasion, jusqu'à huit ou dix freux tomber ensemble sur le nid du coupable et le détruire en un clin d'œil... Ainsi, les membres d'une communauté ne sont pas sans en ressentir la sèvère discipline; quant aux étrangers, qui essayaient de s'y faufiler, ils sont fort mal reçus, tout le bocage se lève contre l'intrus et le chasse sans pitié. »

Conch confirme ces données : « Les malfaiteurs une fois découverts, le châtiment est en proportion de l'offense : La ruine de leur ouvrage leur apprend à construire avec des matériaux acquis honnêtement et non dérobés à autrui, et leur fait comprendre que pour jouir des avantages de la vie sociale, il leur faut se conformer aux principes de la communauté dont ils font partie. »

De son côté e docteur Edmonson, en Écosse, et le général sir Georges le Grand Jacob, aux Indes, signalent chez les corneilles, des tribunaux et des exécutions : « On remarque de temps à autre des rassemblements de corneilles, dit le docteur Edmonson. Quand l'assemblée est au complet, il se fait un bruit général et peu après la foule se jette sur quelques individus, les met à mort et se disperse ensuite tranquillement. » Je reproduis cette simple phrase qui met en évidence un fait intéressant, et je supprime tout ce qui se rapporte à l'air grave des juges, à l'abattement des accusés, à la loquacité des avocats et au silence des auditeurs. Il faut éviter avec grand soin dans tout ce qui touche aux animaux d'établir des comparaisons de cet ordre et de se laisser entraîner à des exagérations aussi incompréhensibles. Ce qui semble prouvé, c'est l'intervention des individus asssociés contre celui des leurs qui se rend coupable d'une atteinte à la propriété d'autrui. Les liens sympathiques sont de telle nature que la colère de tous se manifeste contre celui qui a porté préjudice à un seul membre de l'association.

Dans les associations qui nous occupent se retrouvent les manifestations observées dans les associations d'ordre inférieur. Les communautés s'unissent pour les migrations et forment des bandes immenses : « C'est, dit Brehm, un spectacle des plus intéressants que celui d'une migration de freux... Au printemps désastreux de 1818, mon père vit une bande de freux à la lisière d'une forêt. Elle couvrait tous les arbres, une grande partie des champs et des prairies, sur une étendue d'un demi-mille carré. Le soir, toute la bande se leva et là où ses rangs étaient plus serrés, l'air en était obscurci. C'est à peine si ces oiseaux trouvèrent assez de place sur les arbres d'une forêt voisine. »

Les perroquets, dans les zones tropicales de l'Asie, de l'Afrique et de l'Amérique se comportent comme nos corneilles. Ils se réunissent en communautés, formées de nombreux individus. Ils choisissent dans la forêt, parmi les arbres épais dans les bambous, un asile sûr d'où ils partent chaque matin pour y rentrer chaque soir. Pendant que la bande mange les fruits, des sentinelles font le guet et annoncent par leurs cris l'approche de l'ennemi. Ils se réunissent aussi vers le soir et poussent des cris assourdissants, mais lorsqu'il s'agit de dévaster un champ de maïs ils savent se taire pour ne point donner l'éveil. « Les plus âgés font sentinelle, dit Ed. Pœppig en parlant des Aras des Andes, et s'établissent sur l'arbre le plus élevé. Au premier signal qu'ils donnent répond un cri à demi-voix; au second, toute la bande s'envole en poussant des grands cris pour recommencer plus loin ses déprédations. »

L'analogie entre ces communautés et celles des corneilles est rendue plus grande par la manière dont se comportent les survivants lorsqu'un des leurs est frappé à mort; ils viennent rôder près du mourant et s'offrent aux coups du chasseur. « Le planteur, dit Audubon, tâche de surprendre les perroquets dans leurs excursions et leur fait payer de leur vie leurs rapines. Le fusil chargé à la main, il se glisse jusque près d'eux, et huit ou dix tombent du premier coup de feu. Les autres se lèvent, crient, volent en cercle pendant cinq ou six minutes, reviennent près des cadavres de leurs compagnons, les entourent en poussant des cris plaintifs, et tombent eux-mêmes à leur tour, victimes de leur amitié, jusqu'à ce qu'enfin le planteur ne les trouve plus assez nombreux pour avoir à défendre contre eux ses récoltes et ses moissons. »

Les associations de même ordre se rencontrent chez beaucoup d'échassiers et de palmipèdes. La communauté se protège par des sentinelles et les individus combinent leurs efforts pour la capture de la proie. C'est une organisation sociale calquée sur celle que nous avons décrite chez les corneilles, les freux et les perroquets et qui semble ne pas dépasser ce degré dans l'ensemble des oiseaux.

II. Le troupeau chez les mammifères.

Les solipèdes et les ruminants présentent les exemples les plus frappants de troupeaux organisés, ayant un chef, et s'entourent des conditions les plus favorables à la sécurité de l'association. Il est bon de rappeler à ce sujet que la plupart des solipèdes et ruminants sont polygames. Le nombre des femelles dépasse de beaucoup celui des mâles et ces derniers jouissent d'une grande puissance pour la reproduction. « Le bouc est en rut toute l'année, dit Brehm, et lorsqu'il est dans toute sa force, c'est-à-dire de deux à huit ans, il suffit à cent chèvres. » De là le groupement de nombreuses femelles autour du mâle et la consiitution d'une famille basée sur la polygamie. Les jeunes mâles et les jeunes femelles nés du troupeau restent attachés à leur mère, et la famille se présente alors comme fort complexe et représentant une véritable association. Dans ce cas, le troupeau est formé en réalité par une seule famille, mais le troupeau peut ailleurs être constitué pour l'union de plusieurs mâles entraînant à leur suite leurs femelles et les jeunes.

Les exemples du premier type sont nombreux. « Chez les Lamas guanucos, chaque troupe se compose de plusieurs femelles et d'un seul mâle; celui-ci ne souffre dans sa troupe que de jeunes mâles encore incapables de se reproduire. Dès qu'ils ont atteint un certain âge commencent les batailles à la suite desquelles les plus faibles, obligés de céder la place aux plus forts, se réunissent à leurs égaux et avec de jeunes femelles. Le chef paît à quelques pas de la troupe et surveille les alentours. Au moindre indice de danger il pousse un bêlement assez semblable à celui des moutons et aussitôt les têtes se lèvent, regardant de çà et de là; puis toute la bande part. Les femelles et les jeunes courant devant, le mâle les suit et les pousse souvent avec sa tête. »

« Chez les Lamas vigognes, les femelles récompensent la vigilance de leur guide par une fidélité et un attachement des plus rares. Est-il blessé ou tué, elles courent autour de lui en sifflant et se laissent tuer sans prendre la fuite. Mais si la balle atteint d'abord une femelle, toute la bande décampe. Les femelles de guanucos se dispersent au contraire quand le mâle est tué. »

Les taureaux sauvages comme les étalons s'entourent de même de femelles choisies, et ils sont fort jaloux, prêts à défendre leur propriété contre les agresseurs. Darwin, sur les descriptions de lord Tankerville, nous fait assister aux ruses de guerre employées par le chef de bande et par ses rivaux pour défendre ou enlever les femelles : « En 1861, plusieurs taureaux sauvages de Chillingham Park, descendants dégénérés en taille, mais non en courage, du gigantesque *Bos primigenius*, se disputaient la suprématie. On observa que deux des plus jeunes avaient attaqué ensemble et de concert le vieux chef du troupeau, l'avaient renversé et mis hors de combat, et les gardiens crurent qu'il devait être dans un bois voisin probablement blessé mortellement. Mais quelques jours plus tard, un des jeunes taureaux s'étant approché seul du bois, le chef, qui ne cherchait que l'occasion de prendre sa revanche, en sortit, et, en quelques instants, tua son adversaire. Il rejoignit ensuite tranquillement le troupeau, sur lequel il régna sans contestation pendant fort longtemps ».

De même, les mouflons, les éléphants, forment des groupements analogues que nous retrouvons dans la famille des singes où le vieux mâle est un « sultan jaloux qui s'arroge un droit absolu sur les femelles. »

« Chez les arctocéphales, dit Brehm, le mâle a toujours plusieurs femelles et nombre de ces sultans ont un harem de trente à quarante beautés. Très jaloux vis-à-vis des autres mâles, il reste avec ses femelles, ses fils et ses filles, même avec ceux d'un an et qui ne sont pas encore accouplés. »

La polygamie et la façon dont s'effectue la constitution des harems a été fort bien observée et décrite chez un phoque (*Callorhinus ursinus*) par le capitaine Bryant : « En arrivant à l'île où les femelles veulent s'accoupler, un grand nombre paraissent vouloir retrouver un mâle particulier et grimpent sur les rochers extérieurs pour voir au loin, puis, faisant un appel, elles écoutent, comme si elles s'attendaient à entendre une voix familière. Puis, changeant de place, elles recommencent. Dès qu'une femelle atteint le rivage, le mâle le plus voisin va à sa rencontre en faisant entendre un bruit analogue à celui du gloussement de la poule entourée de ses poussins. Il la salue et la flatte jusqu'à ce qu'il parvienne à se mettre entre elle et l'eau, de manière à empêcher qu'elle ne puisse lui échapper. Alors, il change de ton, et, avec un rude grognement, la chasse vers une place de son harem. Ceci continue jusqu'à ce que la rangée inférieure des harems soit presque remplie. Les mâles placés plus haut choisissent le moment où leurs voisins plus heureux ne sont plus sur leurs gardes, pour leur dérober leurs femelles. Ils les saisissent dans leur bouche et les soulèvent au-dessus des autres femelles, puis les placent dans leur propre harem, en les portant comme des chattes portent leur petit. Ceux qui sont encore plus haut font de même, jusqu'à ce que tout l'espace soit occupé. Souvent deux mâles se disputent la possession d'une même femelle, et, tous deux, la saisissant en même temps, la coupent en deux ou la déchirent horriblement avec leurs dents. Lorsque l'espace destiné à ses femelles est plein, le vieux mâle en fait le tour pour inspecter sa famille; il gronde celles qui dérangent les autres et expulse violemment les intrus. Cette surveillance le tient dans un état d'occupation active et incessante. »

Cette longue description est précieuse, étant donné le nombre si restreint des observations sur la façon dont les animaux se courtisent à l'état de nature. Nous voyons intervenir la force brutale qui amène non seulement les chocs entre rivaux, mais même des blessures profondes aux femelles, objets de la convoitise des mâles; enfin, nous assistons à la formation de ces curieux harems où le maître et seigneur entasse les femelles conquises par la ruse et par la force.

Dans le cas que nous venons d'étudier, le troupeau est donc formé par une famille polygame et le troupeau a un chef tout indiqué, le vieux mâle, le père, qui veille avec la plus grande sollicitude sur les femelles et sur ses enfants.

Les troupeaux formés de familles groupées constituent une association supérieure.

Les chevaux sauvages de la haute Asie, connus sous le nom de *tarpans* (fig. 9), se réunissent en troupes de plusieurs centaines d'individus. « Chaque troupe, dit Brehm, se subdivise en petites familles, à la tête de chacune desquelles se trouve un étalon... Un des étalons est le chef de la bande : il veille à sa sécurité, mais, en retour, il exige l'obéissance. Il chasse les jeunes mâles, et, tant que ceux-ci n'ont pas réuni quelques juments autour d'eux, ils sont condamnés à ne suivre la bande que de loin. Dès que le troupeau aperçoit un objet qui ne lui est pas familier, le chef renifle, remue les oreilles, court la tête haute; s'il flaire quelque danger, il hennit bruyamment, et toute la bande s'enfuit au galop, les juments en avant, les étalons fermant la marche et protégeant la retraite. Souvent les juments disparaissent comme par enchantement : elles se sont cachées dans un bas-fond et attendent les événements. Les étalons ne craignent pas les carnassiers. Ils courent sus aux loups, les frappent de leurs pattes de devant... ils forment un cercle autour des juments et des poulains, quand un carnassier s'approche. Les étalons se livrent entre eux des combats violents : les jeunes doivent toujours acheter leurs droits par des duels acharnés. »

Parmi les bovidés, le bison d'Europe (*Bonassus bison*) est la seule espèce sauvage pouvant s'offrir à l'observation. Grâce à la protection des rois de Pologne, et plus tard des empereurs de Russie, cette espèce, détruite partout, s'est maintenue dans la forêt de Bialowicza en Lithuanie, et les relations de Dimitri Delmatow, inspecteur des forêts impériales de la province de Grodno (1849), ont permis à Brehm de fournir des détails intéressants sur les mœurs de ces animaux.

« L'empereur ayant promis à la reine Victoria deux bisons vivants pour le Jardin zoologique de Londres, donna l'ordre de prendre quelques-uns de ces animaux... Les bisons étaient couchés sur la pente d'un coteau, ruminant avec sécurité, pendant que les jeunes se jouaient autour des adultes, s'attaquant les uns les autres, frappant la terre de leurs sabots, et faisant voler autour d'eux le sable sur lequel ils bondissaient. Par moments, ils se retiraient chacun auprès de leur mère, se frottaient contre elle, la léchaient et revenaient bientôt à leurs jeux. Mais, au premier son du cor, le tableau changea en un clin d'œil : tout le troupeau, comme frappé par une baguette magique, bondit sur ses pieds, et sembla concentrer toutes ses facultés à voir et à entendre ce qui allait se passer. Les veaux se pressaient timidement contre

Fig. 9. — Le tarpan.

leurs mères, et, quand retentirent les aboiements de la meute, les bisons se rangèrent dans l'ordre qu'ils occupent ordinairement en pareille occurence. Plaçant les veaux en avant, ils prennent l'arrière-garde pour les garantir de la poursuite des chiens. Lorsqu'ils arrivèrent auprès de la ligne tenue par les traqueurs et les chasseurs... ils changèrent leur ordre de défense : les vieux aurochs se jetèrent avec furie sur le côté, rompirent la ligne de chasse, et, victorieux sur ce point, continuèrent leur course en bondissant... »

Tschudi donne sur les troupeaux de chamois de précieuses indications : « Le guide du troupeau, secondé par quelques autres individus, est en sentinelle; il paît seul, à quelque distance; à chaque instant, il se retourne, se soulève, flaire, regarde continuellement... Lorsque le guide flaire un danger, il siffle, frappe le sol d'un de ses pieds de devant et prend la fuite : les autres le suivent au galop. Son sifflement, ou mieux son soupir, est un son perçant, rauque, un peu prolongé, qui s'entend au loin. »

Les rennes se réunissent en troupeaux qui comptent souvent de trois à quatre cents têtes. Pendant l'hiver, ils gagnent les forêts, et, au dire de S. G. Wood, s'y construisent de véritables forteresses. La neige accumulée et battue est disposée en rempart, derrière lequel se promènent des sentinelles vigilantes qui éloignent, à coups de cornes, les loups qui rôdent à l'entour. On a vu une de ces retraites mesurer une lieue de diamètre. En été, les rennes gagnent les hauteurs, se divisent en groupes de vingt à cinquante individus et paissent sous la garde du plus vieux mâle de la bande.

Au moment du rut, les mâles, dans tout le groupe des ruminants, luttent, pour la possession des femelles. Cette jalousie, accompagnée de l'action brutale des mâles les plus vigoureux et les mieux armés, contre les plus faibles, est une cause qui doit s'opposer à la constitution d'associations entre mâles. Les mâles sont chassés de la famille à mesure qu'ils deviennent adultes comme des rivaux dangereux pour le père lui-même. Mais, dès que les ardeurs de la saison des amours ont cessé, l'instinct sociable reprend son empire, et les familles, un instant séparées, s'unissent de nouveau. Les mâles semblent avoir conscience de l'état d'impuissance des autres mâles; il n'y a plus ni rivalité ni jalousie, jusqu'au moment où la fureur sexuelle se montre à nouveau. Les ruminants sont donc des animaux sociables qui trouvent, dans la formation de troupeaux, une plus grande sécurité pour l'éducation des jeunes.

Dans ces troupeaux, le plus vieux mâle dirige l'association ou les mâles s'en partagent entre eux la garde et la protection. Mais, malgré son caractère de persistance, le troupeau se dissocie chaque année au moment de la reproduction. Dans le troupeau formé d'une seule famille, le mâle éloigne les jeunes mâles devenus adultes qui vont fonder de nouvelles familles : dans le troupeau formé de familles nombreuses, les mâles se séparent, entraînant leurs femelles, ou luttent entre eux, et le vainqueur reste seul maître des nombreuses femelles. Dans tous les cas, les mâles se réunissent de nouveau après la période du rut. L'homme a su assurer la persistance du troupeau dans les diverses espèces domestiques, en ne laissant persister qu'un seul mâle chargé de la reproduction.

Par la castration, les jeunes mâles sont mis dans l'impossibilité de féconder les femelles, et, partant, d'éprouver les excitations sexuelles qui entraînent la dislocation du troupeau. Le taureau, le bélier, etc., dirige le troupeau, tandis que les mâles déchus, bœufs, moutons, etc., se mêlent aux femelles sans exciter la jalousie du chef, dont ils ne pourront prétendre à devenir les rivaux.

III. Les sociétés des singes.

Pour trouver des associations plus parfaites, nous devons nous adresser aux primates ou singes qui, au point de vue psychique, se placent, à juste titre, parmi les mieux doués des mammifères et qui ont mis à profit ces qualités supérieures pour l'organisation de leurs peuplades.

Pendant son voyage en Abyssinie, Brehm a pu observer, avec le plus grand soin, le cynocéphale hamadryas (*Cynocephalus hamadryas*) (fig. 10), et a publié sur ce type les détails que nous lui empruntons.

« On rencontre rarement de petites sociétés de ces singes : ils sont presque toujours réunis en grand nombre. Il y a toujours douze à quinze mâles dans toute leur vigueur ; véritables monstres, de grande taille et munis de dents beaucoup plus fortes et plus longues que celles du léopard. Les femelles sont deux fois plus nombreuses que les mâles. Tout le reste consiste en jeunes singes plus ou moins âgés...

» Dès que le déjeuner est pris, ils montent

Fig. 10. — Les cynocéphales.

tous vers le sommet de la montagne. Les mâles s'assoient sur de grandes pierres et restent sérieux et calmes, laissant pendre leur longue queue, le dos tourné contre le vent. Les femelles surveillent leurs petits qui jouent et se battent continuellement entre eux. Vers le soir, toute la bande se rend à l'eau la plus voisine pour s'y désaltérer, ensuite elle cherche de nouveau sa nourriture et s'apprête à passer la nuit dans un endroit convenable. »

La plus grande solidarité existe entre les membres de l'association : « Lorsqu'ils ne parviennent pas, à deux ou trois, à remuer une grosse pierre, ils se mettent en plus grand nombre pour la déplacer et chercher leur nourriture sous elle... Lorsqu'on ne les chasse pas, ils dévastent les champs et les jardins. Avant d'entrer dans une plantation, ils y envoient des éclaireurs; lorsque ceux-ci ont donné le signal, toute la bande entre dans le jardin ou dans le champ et n'y laisse rien subsister... Ils forment une chaîne qui s'étend depuis le verger jusqu'à la montagne voisine, et, tandis que ceux qui sont dans l'enclos cueillent les fruits, ceux de la chaîne se les passent de l'un à l'autre jusqu'au lieu du rendez-vous. Pour éviter la vengeance du propriétaire, ils ont soin de placer des sentinelles qui, au moindre bruit, jettent un cri d'avertissement; alors tout fuit, tout disparaît.

» Lorsqu'un homme ou un carnassier s'approche dans une intention hostile... toute la compagnie hurle, grogne, aboie, crie à tue-tête. Tous les mâles valides se rangent sur le bord du rocher et regardent attentivement dans la vallée pour se faire une idée du danger ; les jeunes se réfugient auprès des vieux, les petits s'attachent à la poitrine de leur mère ou grimpent sur son dos, toute la bande s'ébranle et s'éloigne en courant et sautant sur les quatre pattes. »

Les hamadryas attaqués ne se retirent que lentement, en grinçant des dents et en poussant des cris devant un chasseur armé ; au dire des Arabes, ils attaquent l'homme qu'ils rencontrent sans défense ; en tous cas, ils luttent avec acharnement si on les assaille ou si on les poursuit.

« Au détour de la vallée de Mensa, nous aperçûmes l'une des plus grandes troupes qu'il nous ait été donné de voir... On leur livra une véritable bataille. Plus de vingt coups furent tirés contre eux : plusieurs cynocéphales furent tués, d'autres furent blessés et tout le troupeau dut gagner le sommet de la montagne... Ceux-ci, effrayés et rendus furieux par nos coups, ramassaient toutes les pierres qu'ils trouvaient sur leur chemin et les roulaient au fond de la vallée. Plusieurs des premières pierres passèrent à côté de nos têtes et nous firent comprendre tout ce que notre position avait de dangereux... »

Dans une autre rencontre, l'arrière-garde de la bande fut attaquée par les chiens : « Dès que les chiens approchèrent, les vieux mâles sautèrent des rochers, poussèrent des cris terribles en grinçant des dents et en frappant le sol de leur main. Ils regardèrent leurs adversaires avec des yeux tellement étincelants de fureur, que nos animaux, d'ordinaire si courageux et si avides de luttes, reculèrent avec effroi et vinrent chercher un abri auprès de nous. »

Un jeune singe était resté en arrière; il se réfugia sur un rocher. « Nous nous flattions déjà de nous emparer de ce singe, mais il n'en fut rien. Fier et plein de dignité, un des mâles les plus vigoureux apparut de l'autre côté de la vallée, s'avança vers les chiens, sans se presser et sans faire attention à nous, leur jeta des regards qui suffirent pour les tenir en respect, monta lentement sur le bloc de rochers, caressa le petit singe et retourna avec lui en passant devant les chiens, tellement ébahis, qu'ils le laissèrent tranquillement aller avec son protégé. Cette action héroïque du chef de la bande nous remplit d'admiration, et aucun de nous ne songea à faire feu, malgré la grande proximité à laquelle il se trouvait. »

Les cercopithèques, comme les cynocéphales, habitent l'Afrique équatoriale, surtout le Nil Supérieur et l'Abyssinie. Brehm les représente comme les singes les plus sociables : « Une troupe de cercopithèques est un État constitué dans lequel le plus fort de la troupe est unique et souverain maître; la seule autorité que reconnaissent les individus qui forment une pareille société est celle du chef de la bande, qui a, pour faire respecter sa volonté, ses dents et ses bras...

» C'est toujours sous la conduite d'un vieux mâle (fig. 11), très rusé et très expérimenté, que

Fig. 11. — Les cercopithèques.

ces audacieux pillards envahissent les champs couverts de céréales; les femelles qui ont des petits les portent suspendus au-dessous du ventre; par excès de précaution, les petits enroulent l'extrémité de leur queue autour de celle de leur mère... Le vieux sultan marche en tête, le reste de la troupe le suit pas à pas, sautant sur les mêmes arbres et souvent sur les mêmes branches. De temps en temps, le guide prudent monte tout au sommet d'un grand arbre, et, du haut de son observatoire, examine chaque objet d'alentour : lorsque le résultat de l'examen est satisfaisant, il l'apprend à ses sujets en faisant entendre des sons gutturaux particuliers; en cas de danger, il les avertit par un cri spécial. »

C'est sous cet œil vigilant que la troupe se délasse ou se livre à ses rapines. Si le chef pousse le cri de détresse tremblotant et chevrotant, la troupe entière se lève et s'enfuit sur les arbres élevés ou dans les buissons touffus.

Une grande solidarité se manifeste entre les individus de la même bande; après les longues courses dans les bois, ils se débarrassent réciproquement des épines enfoncées dans la peau et des parasites qui s'y cachent; les mères surveillent les jeunes avec la plus grande sollicitude et ne les abandonnent qu'à la mort. Quant à leur action commune contre l'ennemi, elle est constante : « Un aigle s'était jeté sur un singe encore jeune. Celui-ci enlaçait étroitement une branche avec ses quatre membres, en poussant des cris de détresse. Aussitôt, toute la bande se mit sur pied, et en moins d'une minute l'aigle fut entouré d'une dizaine de grands singes qui se jetèrent sur lui avec des grimaces horribles et en poussant de grands cris. Saisi de tous côtés, le ravisseur avait oublié sa capture et ne chercha qu'à sortir du mauvais pas dans lequel il se trouvait. »

Les semnopithèques, dont une espèce, le *Semnopithecus entellus* est vénéré par les Hindous, ont des mœurs analogues.

Tous les singes que je viens de signaler appartiennent à l'ancien monde, ce sont des Pithéciens; mais les singes du nouveau monde ou Cébiens nous offrent une organisation sociale analogue.

Les singes hurleurs (*Mycetes*) vivent en troupes et, comme les gibbons, donnent de la voix au moment du lever et du coucher du soleil. « Les individus de la bande, dit A. de Humboldt, étaient assis sur un arbre, placé devant moi, et exécutaient un concert si formidable qu'on aurait pu croire tous les animaux de la forêt engagés dans une lutte meurtrière; cependant, leurs cris présentaient une espèce d'accord. Par instant, toute la bande se taisait, l'instant après, l'un des chantres faisait de nouveau entendre sa voix discordante, et les hurlements recommençaient. »

Les atèles, les sajous, les sakis, forment des communautés où les mâles accompagnés de leurs femelles vivent sous la direction d'un chef. La solidarité la plus grande existe entre les membres de l'association.

IV. L'organisation sociale des anthropoïdes.

Au-dessus des singes que nous venons d'étudier, se place la famille des singes *anthropoïdes*, que Broca s'est attaché à distinguer d'une façon précise des familles précédentes. Cette famille comprend : les gibbons (*Hylobates*), les orangs (*Satyrus*), les chimpanzés (*Troglodytes*) et les gorilles (*Gorilla*). Les gibbons sont répandus dans les grandes îles indiennes de la Sonde; ils s'étendent dans la presqu'île de Malacca, vers le Siam, et se retrouvent dans l'Hindoustan. L'orang n'habite que Bornéo et Sumatra; il est rare et se retire dans cette dernière île, sur la côte orientale.

Les deux autres singes sont africains. Le chimpanzé a une aire d'habitation assez vaste, comprenant les côtes de la haute et de la basse Guinée. Comme l'orang, le gorille ne se rencontre que dans une localité fort restreinte de la même région, comprise entre le Gabon et le Danger, et il vit loin des côtes, dans les forêts profondes des montagnes.

Les gibbons vivent en troupes nombreuses, bien observées par Duvancel. Un chef commande à la troupe et veille à sa sécurité. Ces singes vivent sur les arbres, et à la moindre alerte, se réfugient dans les cimes les plus touffues. Dans la marche, les petits sont portés par les mâles et par les femelles, suivant leur sexe, et la femelle défend son nourrisson avec le plus grand courage. Ces singes ont l'habitude, comme les hur-

Fig. 12. — L'orang-outang.

leurs d'Amérique, de saluer le soleil à son lever et à son coucher par des cris épouvantables et étourdissants.

Les chimpanzés (fig. 13), vivent aussi en commun, mais, au dire de Savage, on en voit rarement plus de cinq ou dix réunis. Ils se construisent, dans les arbres, des habitations comparables au nid des grands oiseaux rapaces. Des branches entrelacées, solidement réunies, placées sur la forte fourche d'une branche, les protègent pendant la nuit. On voit, dans le même arbre, les différents nids de la colonie, deux, trois, cinq, suivant le nombre des associés. Ces *villages de singes* sont donc formés d'un nombre fort restreint d'habitations. Pendant le jour, ils aiment à se reposer dans la position assise; ils descendent alors au pied de l'arbre pendant que les jeunes jouent et se poursuivent avec agilité. Le mâle le plus fort est un chef vigilant prêt à défendre ses compagnons et ses femelles. Il fait sentinelle et prévient du danger par un cri d'angoisse qui a quelque chose d'humain. Aussitôt la troupe bat en retraite, mais si le poursuivant approche et serre de trop près les fuyards, les mâles se retournent et acceptent le combat, frappant des dents et se servant de leurs mains puissantes.

Une société de chimpanzés est remarquable par l'attachement qui unit entre eux tous ses membres. Les mâles sont toujours prêts à se sacrifier pour le salut des faibles, et les femelles ont pour leurs enfants une sollicitude extrême.

Ces associations de chimpanzés avec leurs gros-

Fig. 13. — Le chimpanzé.

sières habitations, leur hiérarchie, leur organisation déjà si développée constituent des peuplades comparables à celles des nègres qui vivent dans les mêmes forêts. Aussi ne devons-nous pas nous étonner de voir ces sauvages considérer le chimpanzé « comme un membre d'une race humaine particulière, que sa mauvaise conduite a fait rejeter de la société des hommes ».

L'orang en Asie (fig. 12), le gorille en Afrique (fig. 14), ont fui devant les populations humaines qui les ont décimés et rejetés dans les forêts qu'ils habitent. Comme le bison d'Europe, relégué maintenant dans une seule forêt de la Lithuanie, ils vont, fuyant devant l'homme, abandonnant chaque jour du terrain devant les invasions de l'ennemi. Ces conditions ne sont point faites pour favoriser le développement de peuplades chez ces animaux et, de même que le castor a abandonné la construction de ses huttes pour se cacher dans un terrier où il vit seul avec sa femelle, loin de ses semblables traqués comme lui, il semble que ces grands singes aient délaissé la vie sociale qui a pu leur être commune avec les autres types du même ordre.

En effet, les voyageurs signalent comme un fait rare la rencontre de troupes d'orangs et de gorilles. On parle de trois individus, mais en général on se trouve en présence d'une famille formée du mâle, de la femelle et d'un petit, plus ou moins développé, souvent adulte. Ces animaux ont-ils formé jadis des peuplades comme les chimpanzés ? Aucune observation ne le démontre. Ce qui est certain, c'est que l'orang, comme le gorille, se construit une espèce de nid pour se reposer parmi les branches des arbres. Quant

Fig. 14. — Le gorille.

à la vie de famille, elle semble douce et de bonne harmonie. En cas d'attaque, le mâle aborde son adversaire et livre un combat acharné ; la femelle couvre de son corps son enfant. Les sentiments affectueux semblent, dans ces espèces, aussi développés que chez le chimpanzé, et l'on conçoit pour elles la possibilité d'associations semblables, basées sur les mêmes principes de solidarité et de sollicitude.

Dans la classification de Broca, les singes *Cébiens*, singes du nouveau continent, se rattachent aux autres mammifères par les *Lémuriens* qui ont l'attitude et la marche quadrupède; d'autre part, les *Pithéciens* (singes de l'ancien continent) touchent aux *Anthropoïdes* et, par eux, aux *Hominiens* qui comprend le genre *Homo*. Pour Broca, l'homme — *homo sapiens* de Linné — se rattache étroitement aux familles précédentes qui sont ainsi au nombre de cinq et forment dans leur ensemble l'ordre des Primates.

Les Anthropoïdes sont donc les animaux les plus voisins de l'homme, et c'est par eux que nous terminons l'exposé des faits sociaux se rapportant aux animaux vertébrés.

CHAPITRE IV

LES ORIGINES DES ASSOCIATIONS

I. — Les formes de la famille.

Pour comprendre les causes déterminantes de cette formation d'associations si diverses, il faut pénétrer dans les manifestations affectives des animaux, et chercher à en saisir les caractères. La famille s'offre à nous comme une association première qui peut nous donner les moyens de comprendre le développement des sentiments qui font le lien entre les individus groupés en associations d'ordre supérieur.

Or la famille se présente à nous avec des attributs très variables, suivant les espèces considérées, et il est possible d'établir une série graduée de formes familiales qui se relient par tous les intermédiaires possibles.

Dans le cas le plus simple, et le plus inférieur, les rapports entre les individus des deux sexes sont tellement fugitifs, l'indépendance est telle entre les mâles et les femelles, unis un instant, pour courir à des noces nouvelles, que l'on peut considérer le manque absolu d'attachement comme caractérisant la *promiscuité* la plus absolue.

Chez beaucoup d'animaux, le combat de noces qui anéantit les rivaux, met le vainqueur en possession de nombreuses femelles. Il est un sultan, possesseur d'un sérail. De là un troupeau de femelles obéissant au mâle qui les aime tour à tour et assure à chacune des descendants. Le mâle est le protecteur de ses femelles; il exerce une surveillance attentive sur les jeunes mâles qu'il éloigne du troupeau, lorsqu'ils ont atteint l'âge d'adulte, et il bat et poursuit de ses coups les audacieux qui convoitent sa propriété féminine. Dans ce cas il y a *Polygamie*.

Ailleurs, il y a *Monogamie*, le mâle s'attache à une seule femelle, mais cet attachement peut être limité à la saison des amours ou durer pendant l'existence entière des deux êtres une fois unis, elle peut être *temporaire* ou *permanente*. On passe ainsi insensiblement de l'union brutale des sexes où chaque être se rapproche au hasard du besoin, sans se soucier d'une fidélité quelconque, consacrant la saison du rut à de volages amours, à ces associations durables, pleines de charmes, si intimes et si persistantes.

C'est dans la classe des oiseaux que se manifeste au plus haut point la fidélité illimitée qui réunit le mâle et la femelle. Les sentiments affectueux qui attachent les deux êtres l'un à l'autre peuvent être poussés si loin, que la mort de l'un atteint le survivant d'une façon si profonde qu'il ne ne survit pas à cette séparation. Nous avons pu observer l'attachement des petites perruches inséparables, toujours posées sur le même perchoir, se recouvrant de l'aile pour dormir et ne pouvant supporter que cette douce vie; qu'un accident vienne à frapper l'un des deux amants, la mort de l'autre ne se fait pas attendre.

Brehm qui s'est beaucoup occupé des mœurs des oiseaux, donne sur ce point des observations intéressantes. Le colapte doré est un petit grimpeur qui, au moment des amours, s'approche de la femelle en frappant sur les branches. Réduit en captivité, il s'habitue à la cage et s'y livre à ses parades d'amour. « La femelle d'un couple tomba malade et mourut. Rien ne fut plus touchant que la conduite du mâle. Pendant toute la journée il ne cessait d'appeler sa femelle; il tambourinait, manifestant ainsi son deuil. Comme, quelque temps auparavant, il avait manifesté son amour. La nuit même ne lui apportait pas de repos. Peu à peu il devint calme; mais il ne retrouva plus son ancienne gaieté, et maintenant que tous ses compagnons ont péri, il est devenu complètement silencieux. » La tourterelle n'est pas moins tendre. « L'un vient-il à périr? la douleur de l'autre est immense. Je tuai une femelle, le mâle se réfugia dans la forêt, mais, comme sa femelle ne le suivait pas il revint et se mit à roucouler pour l'appeler. Ce pauvre isolé me fit pitié. »

L'hypolaïs des saules, les panures, forment aussi les couples les plus étroitement unis. « Quand mourait, dit Brehm, l'un des hypolaïs des saules qui avaient vécu ensemble pendant deux ou trois ans, son compagnon lui survivait à peine un mois.

Sous ce rapport l'hypolaïs des saules se rapproche tout à fait des perruches inséparables. » — « Les panures ont l'un pour l'autre une grande tendresse. Le mâle et la femelle sont toujours perchés l'un à côté de l'autre et, lorsqu'ils s'endorment, l'un d'eux, le mâle d'ordinaire, recouvre sa compagne de son aile. La mort de l'un amène sûrement celle de l'autre. »

La plupart des oiseaux sont monogames, mais cette fidélité poussée jusqu'à la mort est loin d'être l'apanage de toutes les espèces; au contraire, elle fait exception dans l'ensemble et en général la monogamie est restreinte à une saison d'amours.

Presque tous les rapaces sont monogames. Cette habitude semble en rapport avec leur genre de vie. Se nourrissant surtout de proies animales, ils ont besoin de territoires de chasse fort étendus; de là la division d'une région en départements exploités chacun par un de ces oiseaux prédateurs, une dissémination des individus de l'espèce et, au moment de la reproduction, de vastes espaces à franchir pour la recherche de femelles, fort séparées les unes des autres. La rencontre des mâles entre eux pourra déterminer des luttes sanglantes, mais ces rencontres seront difficiles, étant donné le faible nombre de ces oiseaux sur un vaste territoire, et, pour la même cause, la poursuite et la possession de la femelle une fois accomplie, l'isolement du couple met le mâle à l'abri des désirs d'unions nouvelles. Cependant, il y a une autre cause à cette affection réciproque qui maintient le couple uni, car la monogamie existe dans des cas où, comme chez les passereaux, les grimpeurs, les échassiers, la vie en commun est fréquente. Il est vrai que dans ce cas, après le choix de la femelle la paire d'amoureux s'isole pendant quelque temps pour ne rentrer qu'ensuite dans la vie commune. C'est le cas des perroquets par exemple. Mais il est facile de concevoir que tout en conservant ses rapports initiaux, le couple puisse présenter ces caractères. Cette dislocation momentanée de l'association a sans doute pour but d'éviter les tentations des mâles qui n'ont point fait de conquête et qui conservent leur place dans l'association.

A côté de ces groupements monogames fort répandus, se placent les exemples de polygamie plus rares, mais qui n'en ont pas moins une précision absolue.

Le coq est le type du sultan au milieu de son sérail. Dressé sur ses ergots, le jabot renflé, la crête saillante, il se promène orgueilleusement, suivi de ses poules. L'œil en feu pour provoquer ses rivaux, il est plein d'attention pour ses compagnes. La découverte d'une proie est une occasion pour lui de manifester sa tendresse, il divise l'aliment et fait une distribution des parcelles, veillant sur les poussins avec une tendresse inquiète. Le coq est fort ardent et peut satisfaire aux exigences de ses nombreuses compagnes, de là, le maintien de cette petite cour autour du seigneur.

Ce n'est point la domesticité qui a fait du coq un polygame, car les variétés sauvages présentent les mêmes caractères.

Du reste, les faisans, l'autruche, et autres espèces s'entourent de la même façon de femelles nombreuses.

La monogamie et la polygamie semblent en rapport avec le goût des femelles pour tel ou tel attribut du mâle. Les femelles qui goûtent, avant la force physique, les séductions douces de la beauté et des tendres attouchements, s'attachent au mâle passionné qui leur donne les plus douces caresses, répondant à son amour par une grande fidélité. Les autres femelles préfèrent que le champion sorte vainqueur de combats multiples. C'est le coq qui a anéanti beaucoup d'adversaires qui leur semble le protecteur le plus efficace, le maître le plus sûr. L'affection semble remplacée par un besoin fort vif de protection et de là le groupement des femelles autour du sultan qui a chassé tous ses rivaux.

Il est enfin des espèces où le mâle n'a aucun attachement pour la femelle. Il court d'accouplements en accouplements, sans se préoccuper des femelles qu'il quitte, ne connaissant que l'ardeur d'une passion inassouvie, ne ressentant aucun attachement, aucune affection pour elles. Le tétras est le type le plus frappant de ce groupe. Dans la saison des amours, les mâles forment des réunions dans des lieux choisis pour leurs combats et leurs parades. Le mâle arrive, s'excite par les contorsions et les danses les plus comiques, cherche par tous les moyens possibles à séduire une femelle; s'il est repoussé, il gagne d'autres cercles de mâles, s'il est choisi, il profite rapidement de son triomphe, pour poursuivre ses exercices et ses conquêtes dans de nouveaux tournois. De tels mâles ne peuvent se livrer aux pacifiques travaux de la construction du nid et de l'élevage des jeunes; poussés par la fièvre érotique qui chaque année les ramène auprès des femelles, ils vivent le reste du temps isolés, tournant leur humeur batailleuse contre les mâles qu'ils rencontrent dans leurs forêts. Beaucoup de gallinacés se comportent comme le tétras, d'autres, comme le dindon, se rapprochent plus tard de la femelle pour dévorer les œufs qu'elle doit protéger par ruse. Dans ce cas, la *promiscuité* entraîne pour le père la disparition absolue des sentiments qui devraient l'unir à ses compagnes et à ses enfants.

L'étude que nous avons faite du troupeau chez les mammifères nous a montré comment les unions polygames se présentent chez ces animaux. Les unions monogames y sont aussi très fréquentes et les causes qui paraissent déterminer de semblables unions chez les oiseaux rapaces, interviennent chez les mammifères carnassiers de la même façon. Mais ici la monogamie est temporaire et je n'ai point trouvé d'observations de mammifères poussant la fidélité au point extrême des perruches et des hypolaïs, mais on peut suivre tous les intermédiaires, depuis l'intervention du mâle suivie d'un abandon immédiat, jusqu'à la persistance du couple bien au delà de la saison des amours.

Les tatous correspondent aux tétras, ne montrant aucun attachement pour la femelle qu'ils quittent pour s'unir à une autre femelle qu'ils quittent à son tour sans nulle préoccupation des jeunes à venir. C'est une véritable promiscuité. Avec les phoques, la polygamie se fonde, et c'est surtout dans le groupe des carnassiers que les couples monogames sont fréquents. Les loups, les renards, les lions, les tigres, restent longtemps auprès de la femelle et président à l'éducation des petits. D'après Topinard, le gorille et le chimpanzé sont monogames, très soucieux de la fidélité de leurs épouses et attentionnés pour elles.

Chez les Reptiles, on observe, au moment des amours, la réunion par paires dans la plupart des types. Si les mâles luttent pour les femelles, il n'y a pas de faits permettant de soupçonner dans certains types la formation de sérails obéissant à un seul mâle. De même chez les batraciens, la polygamie semble une forme d'union non existante. En revanche la promiscuité doit être assez répandue dans ce dernier groupe. En effet, chez les batraciens où la fécondation est extérieure, la lutte entre les mâles amène le rapport successif des mâles avec la femelle et la possibilité de fécondation par une intervention multiple. C'est un passage au mode particulier qui caractérise la plupart des poissons.

Les poissons considérés au point de vue qui nous occupe peuvent se diviser en deux grands groupes. Ceux qui fécondent les œufs dans le corps de la femelle et ceux qui déposent la liqueur fécondante sur les œufs, après la ponte. Les poissons du premier groupe s'apparient au moment des amours : les autres au contraire se recherchent mais ne peuvent plus être considérés comme présentant une union sexuelle véritable.

Ce sont les poissons osseux qui forment la partie la plus importante des poissons où la fécondation est extérieure. Ici les mâles suivent les femelles, les excitent par leurs poses et leurs frottements, mais ne peuvent en aucune façon s'unir sexuellement avec elles. C'est sur les œufs pondus que le mâle répand la liqueur fécondante, de sorte que les séductions n'ont pas pour but un rapprochement sexuel, mais une simple excitation qui porte la femelle à pondre, le mâle à émettre son sperme. Cette indépendance du mâle dans l'acte fécondateur fait de l'union des poissons une union spéciale qui ne peut entrer dans aucune des divisions du cadre que nous avons tracé. Il n'y a ici ni monogamie, ni polygamie. C'est une promiscuité, mais une promiscuité à part. Les mâles se suivent sur les lits de frais et fécondent les œufs devenus indépendants de la femelle. La femelle ne joue plus de rôle sexuel à ce moment; et cependant, l'impulsion est telle que les mâles recherchent avec ardeur les œufs pondus. Ils luttent de beauté et de force sur les lits de frai. Ils cherchent à exclure, à repousser leurs rivaux, à devenir l'unique mâle destiné à la fécondation. Que conclure? Que nous sommes en présence d'un mode à part pour assurer la fécondation, qui n'a pas pour nécessité l'union des sexes et qui assure l'action du sperme sur les œufs par un ensemble d'actes distincts, mais calqués sur les actes qui accompagnent l'union sexuelle ordinaire.

II. L'affection paternelle chez les poissons.

L'union sexuelle aboutit à la ponte d'œufs fécondés chez les vertébrés ovipares, à la production de jeunes sortant vivants du corps de la mère chez les vivipares.

Or les soins donnés à l'œuf ou au jeune sont variables au plus haut point chez les animaux qui nous occupent. Chez beaucoup la prévoyance n'existe pas et les œufs abandonnés à eux-mêmes évoluent sans le secours des parents. Il y a toute une série graduée de formes qui conduisent des types, où toute idée de l'avenir des jeunes est absente, aux animaux supérieurs qui mettent tout en œuvre pour donner à leurs descendants les moyens les plus efficaces pour lutter seuls, après la séparation des parents.

Les animaux vertébrés qui délaissent leurs œufs après la ponte appartiennent surtout aux groupes les plus inférieurs. Chez beaucoup d'espèces de poissons, les rapports entre les générateurs se bornent aux courts instants de la ponte. Les mâles se rencontrent sur les lits de frai, y luttent avec acharnement et répandent sur les œufs leur liqueur fécondante. Puis mâles et femelles s'éloignent, se dispersent, abandonnant leurs œufs aux innombrables ennemis qui les entourent.

Dans ce cas, l'indifférence des parents est compensée par le grand nombre des éléments reproducteurs produits. « La nature, dit Aristote, lutte contre la mort par la multitude. »

Cependant, dans certains types, on observe une tendance très nette à préparer des abris, des cachettes pour les œufs, et il faut voir dans les migrations que nous avons décrites une recherche d'endroits favorables au développement des jeunes. Lorsque cette tendance se manifeste au plus haut point, c'est par le mâle que sont effectués les travaux qui ont cette protection pour but, et c'est lui qui prodigue aux jeunes les soins les plus assidus. Cet amour paternel dans la classe des poissons est très caractéristique et mérite quelques développements.

L'épinoche (*Gasterosteus aculeatus*) est un petit poisson de nos ruisseaux, qui construit pour ses œufs un véritable nid. A cet effet, il choisit sur le fond l'endroit le plus favorable et creuse dans la vase une petite cavité, puis il va en quête de matériaux. Les petits brins d'herbe charriés par le courant, quelques tiges de plantes aquatiques, des débris de feuilles ou d'algues sont amenés pièce à pièce, pour former tapis. Le poisson remplit sa bouche de sable et peut ainsi assujettir avec les petits grains les herbes légères qu'il entrelace. Lorsqu'une première couche est formée, l'épinoche presse de tout son poids pour fixer les brindilles entre elles; les glandes muqueuses de sa peau émettent alors un liquide filant qui englue les herbes et les réunit. Quelques coups de nageoire et de museau égalisent le tout qui devient le support du nid.

Maintenant ce sont des pailles rigides, des racines résistantes qu'il apporte et qu'il plante comme des pieux dans la couche d'herbe pour former la charpente de l'édifice. Les murs s'élèvent et s'unissent enfin, formant un long cylindre ouvert aux deux bouts. Puis des herbes plus fines servent à combler les interstices. Le mâle n'a plus qu'à s'enfoncer dans le nid pour égaliser la surface intérieure en rapport avec les œufs.

Il est intéressant de constater que le mâle seul s'occupe de cette construction, et c'est lorsqu'il a terminé ce travail compliqué qu'il se met en quête de la femelle. Il la recherche, la pousse, la conduit vers le nid. La femelle s'engage dans l'étroit cylindre et y dépose sa ponte.

Le mâle féconde les œufs et tandis que la femelle s'éloigne, il reste fidèle gardien de sa progéniture. Il a en effet à lutter contre la férocité des femelles qui sont friandes de leurs œufs et reviennent au nid pour les dévorer. Au moment de l'éclosion, les jeunes trouvent dans la paroi les algues nécessaires à leurs premiers besoins et le mâle les repousse et ne les laisse sortir qu'au moment où ils peuvent vivre au dehors sans protection et sans appui.

L'épinoche de mer (*Gasterosteus spinachia*) creuse aussi dans une pelote d'algues et de conferves un cylindre destiné à recevoir les œufs. Le chabot (*Cottius gobio*) dispose une cavité entre deux pierres et y amène la femelle pour la ponte. Le mâle du gobie (*Gobius niger*) fait une espèce de nid et veille sur les jeunes avec sollicitude. La vieille, le crénilabre, la blennie, agissent comme les espèces précédentes.

A côté de la construction du nid par les mâles, on peut noter des faits d'un autre ordre qui ne sont pas moins probants.

Dans les lophobranches, les mâles portent les œufs pondus par la femelle et les protègent.

Chez les *Nerophis* des mers européennes et chez le *Gastrotokeus* de l'archipel Indien, le mâle porte les œufs disposés en rangées sur le thorax et l'abdomen.

Dans les hippocampes, une poche ventrale, ouverte antérieurement, reçoit les œufs de la femelle. Dans les syngnathes cette poche est caudale; il en est de même chez le *Dorychthys* et le *Stigmatophora* des mers Polynésiennes.

Au moment de la ponte, la femelle entoure le mâle et dépose ses œufs dans cette poche protectrice où ils demeurent jusqu'au moment de l'éclosion.

Le *Chromis paterfamilias* du lac de Tibériade assure la protection de ses petits d'une façon encore plus extraordinaire. Je laisse la parole à M. Lortet :

« Le *Chromis paterfamilias* protège et nourrit jusqu'à deux cents alevins dans la gueule et la cavité branchiale. C'est le mâle qui, toujours, se livre à ces fonctions d'incubation.

» Lorsque la femelle a déposé ses œufs dans une dépression sablonneuse du sol, ou entre les touffes de joncs, le mâle s'approche et les fait passer, par aspiration, dans la cavité buccale. De là, par un mouvement dont nous n'avons pas pu bien saisir le mécanisme, il les fait cheminer entre les feuillets des branchies. La pression exercée sur les œufs par les lamelles branchiales suffit pour les maintenir.

» Là, au milieu des organes respiratoires, les œufs subissent toutes leurs métamorphoses; les petits prennent rapidement un volume considérable et paraissent bien gênés dans leur étroite prison. Ils en sortent, non par les ouïes, mais par l'ouverture qui fait communiquer la cavité branchiale avec la bouche. Ils y restent en grand nombre, pressés les uns contre les autres, comme les grains d'une grenade mûre. La bouche du père nourricier est alors tellement distendue par la présence de cette nombreuse progéniture, que les mâchoires ne peuvent absolument pas se rapprocher. Les joues sont gonflées et l'animal présente un aspect des plus étranges. Quoique si nombreux, les jeunes se maintiennent très solidement, nous n'avons pu découvrir par quel moyen. On ne peut comprendre aussi comment le père nourricier n'avale pas sa progéniture. »

Ce cas n'est pas isolé. L'*Arius Bookei*, qui vit dans les parages de l'île de Ceylan couve réellement ses œufs dans une poche située dans l'arrière-cavité de la bouche. Un *Bagrus* de l'Amazone enveloppe ses œufs dans les franges de ses branchies et les protège jusqu'à leur éclosion.

I. La famille chez les reptiles et les oiseaux.

Les reptiles et les oiseaux sont, sauf quelques rares exceptions, ovipares. L'œuf, pour se développer, a besoin d'une température constante et, comme il est déposé sur le sol, l'intervention des parents est nécessaire pour lui assurer cette condition première.

Chez beaucoup de reptiles, des trous creusés dans le sable chauffé par le soleil, l'accumulation de quelques plantes protectrices suffisent, mais, ailleurs, la ponte est précédée d'un véritable travail.

Ainsi les tortues marines accumulent dans les cavités creusées dans le sable, des substances végétales dont la putréfaction produit une chaleur favorable au développement des œufs.

Il est intéressant de noter chez les oiseaux, des espèces utilisant un procédé semblable. Le télégalle (*Telegallus Lathami*) fait un vaste monticule d'herbes, de feuilles, de débris de bois, y creuse une cavité, pond ses œufs et recouvre le tout de feuilles. Le mâle et la femelle restent auprès du nid pour surveiller les œufs et leur assurer la température voulue. Ils les couvrent ou les exposent à l'air, suivant l'intensité de la chaleur du soleil. Du reste, comme dans les meules de foin, il se produit une fermentation qui augmente la température; l'oiseau, agissant comme nos fermiers, laisse au milieu de la levée une cheminée pour donner issue aux gaz. Les œufs sont en grand nombre dans chaque nid.

Partout ailleurs, chez les oiseaux, l'incubation directe assure le développement régulier des œufs. Les formes si diverses du nid constituent une étude des plus intéressantes que M. Houssaye a poursuivie dans tous ses détails en s'occupant des *Industries des animaux*, et nous renvoyons le lecteur à cet ouvrage.

Lorsque le nid est prêt, la femelle pond un premier œuf et chaque jour elle ajoute un nouvel œuf, jusqu'à ce que le nombre maximum soit atteint. Ce nombre est très variable. Les manchots, les pingouins et beaucoup d'oiseaux de mer ne pondent qu'un seul œuf; les oiseaux de proie, tourterelles, colibris, en font deux; les autres oiseaux en pondent un nombre en rapport avec les conditions du milieu.

Quant à la grosseur, les œufs les plus gros sont ceux de l'autruche, les plus petits ceux des colibris. L'aptéryx de la Nouvelle-Zélande, qui est gros comme une poule, fait des œufs comme ceux du cygne et qui pèsent autant que le quart de l'oiseau : il faut tenir compte de ce fait pour l'évaluation de la taille de l'épiornis, qui a laissé des œufs huit fois plus gros que ceux de l'autruche.

Après la ponte, commence l'incubation. La chaleur est nécessaire au développement de l'œuf;

à cet effet, l'oiseau s'applique sur les œufs et les couve. La région ventrale de l'oiseau qui couve est ordinairement dépourvue de plumes dans une proportion plus ou moins étendue. La mère a employé le fin duvet fort peu adhérent à cette époque, pour capitonner le lit où sont couchés les œufs, entourant ces derniers d'une substance qui conserve la chaleur et supprimant en même temps entre elle et les œufs cet intermédiaire peu favorable. La chaleur est bien la seule condition indispensable causée par la présence de la mère, car on peut artificiellement assurer le développement des œufs en les maintenant dans une étuve bien aérée, à une température de 35 à 40 degrés.

Dans ce qui précède, j'ai supposé la mère prenant seule part à l'incubation. C'est le cas le plus général, mais il n'est pas rare de voir le père et la mère se partager la tâche. Les deux parents se succèdent sur les œufs, le mâle pendant une petite partie de la journée, la mère prodiguant ses soins pendant les autres heures du jour et la nuit entière. Les vanneaux, les tourterelles et beaucoup d'oiseaux aquatiques rentrent dans cette catégorie.

Les cas sont rares où le mâle prend une prépondérance marquée sur la femelle pour ce travail. Chez les autruches, vers la fin de l'incubation, le mâle s'adonne exclusivement aux œufs. Au dire de Van Beneden, chez le *Phalaropes*, le mâle seul couve.

La durée de l'incubation varie suivant les espèces. Elle est de quinze à dix-huit jours pour les serins, de vingt et un jours pour les poules, de vingt-cinq jours pour les canards. Les cygnes couvent six semaines et les autruches deux mois.

Quel attachement montrent déjà les parents pour leurs œufs ! Tout est mis en œuvre pour les entourer des conditions les plus favorables à leur développement. Le lit est entretenu bien doux, bien pourvu de duvet chaud et il faut un danger pressant pour arracher la couveuse à son nid. Et encore ce n'est point pour fuir, mais pour s'élancer tête baissée sur l'adversaire et lutter au péril de sa vie pour sauvegarder son trésor.

J'emprunte au docteur Labonne quelques détails sur l'eider, qui mettent bien en lumière la sollicitude maternelle.

« Les îles situées en face du port de Reykjavik, capitale de l'Islande, servent de refuge à l'eider (*Anas mollissima*). C'est là que ces canards s'accouplent et font leur nid chaque année vers le mois de juin. La ponte de l'eider est une chose fort curieuse à voir : lorsque la femelle a choisi le coin du sol où elle veut déposer ses œufs, elle s'arrache à elle-même de la plume pour en garnir le fond et les bords de son nid, puis elle pond six œufs généralement, quelquefois plus...

» Le lendemain, le propriétaire de la terre vient et enlève à la fois duvet et œufs. Le couple infortuné qui parfois a fait toute la résistance possible en se précipitant sur l'homme et en s'accrochant du bec à ses habits, s'exile un peu plus loin pour recommencer. Mais de nouveau le fermier arrive et prend le précieux dépôt. Infatigable, la mère se remet encore à l'œuvre et cette fois on ne lui volera que la moitié de ses œufs, car si l'on désirait tout avoir, on perdrait tout, en voulant tout gagner. Mais le ménagement se borne aux œufs, car, une fois par semaine on enlève le duvet et la pauvre mère continue à se dépouiller, jusqu'à ce qu'enfin elle se trouve si nue qu'elle n'a plus de quoi garnir les rebords du trou humide qui contient sa ponte. Le mâle, accroupi près d'elle vient alors à son aide en s'arrachant lui aussi un duvet que les Islandais distinguent facilement de celui de la femelle, parce qu'il est blanc et ne vient que des côtés de l'animal ».

» Cette sollicitude si tenace, facilement observable sur ces oiseaux, « si familiers qu'ils se laissent caresser, » se trouve chez presque tous les oiseaux, se manifestant avec une telle intensité que la protection de l'individu disparaît devant la protection des descendants qui, suivant la pittoresque expression de Michelet, « ne sont encore que des cailloux que la mère presse sur son cœur ».

Grâce à cette température égale et constante dont il est entouré, le petit être se développe dans l'œuf, et il arrive peu à peu à son développement définitif.

Alors il déchire la membrane qui l'entoure, rompt la chambre à air et frappe à coups redoublés sur l'enveloppe de sa prison. Une petite dent, transitoirement placée sur l'extrémité du bec, lui permet de briser la coquille et de s'échapper dans le monde extérieur.

« Le seizième jour à midi, dit Michelet en retraçant la naissance d'un petit serin, la coquille fut cassée en deux, et l'on vit ramper dans le nid de petites ailes sans plumes, de petits pieds, quelque chose qui travaillait à se dégager entièrement de l'enveloppe. Le corps était un gros ventre, arrondi comme une boule. La mère, avec de grands yeux, le cou en avant, les ailes frémissantes, du bord du panier, regardait l'enfant et me regardait aussi comme en disant : — N'approchez pas !

» Sauf quelques longs duvets aux ailes et à la tête, il était tout à fait nu.

» Ce premier jour, elle lui donna seulement à boire. Il ouvrait cependant déjà un bec fort raisonnable.

» De temps en temps, pour le faire mieux respirer, elle s'écartait un peu, puis le remettait sous son aile et le frictionnait délicatement.

» Le second jour, il mangea, mais une becquée fort légère de mouron, bien préparée, apportée par le père d'abord, reçue par la mère et transmise par elle, avec de petits cris. Vraisemblablement, c'était moins nourriture que purgation.

» Tant que l'enfant a ce qu'il faut, elle laisse le père voler, aller et venir, vaquant à ses occupations. Mais, dès que l'enfant demande, la mère, de sa plus douce voix, appelle le nourricier, qui remplit son bec, arrive en hâte et lui transmet l'aliment.

» Le cinquième jour, les yeux sont moins proéminents, le sixième au matin, des plumes percent le long des ailes et le dos se rembrunit ; le huitième, l'enfant ouvre les yeux quand on l'appelle, et commence à bégayer; le père hasarde de nourrir le petit lui-même. La mère prend des vacances et fait de fréquentes absences. Elle se pose souvent au bord du nid, et contemple amoureusement son enfant. Mais celui-ci s'agite, sent le besoin de mouvements. Pauvre mère! dans bien peu il voudra s'échapper.

» Dans cette première éducation... ce qui est évident, perceptible à chaque mouvement, c'est que tout est proportionné avec une prudence infinie à la chose la moins prévue, chose essentiellement variable, la force individuelle de l'enfant; les quantités, les qualités, le mode de la préparation alimentaire, les soins de réchauffement, de friction et de propreté, administrés avec une adresse et une attention de détails, nuancés selon l'occurrence, tels que la femme la plus délicate, la plus prévoyante, y aurait à peine atteint. »

Ce tableau que le grand peintre des oiseaux a tracé de main de maître, répond à tous nos souvenirs, à toutes nos observations. Quiconque a suivi dans le rosier ou dans la haie d'aubépines les péripéties de l'éclosion des jeunes fauvettes, retrouve ici toutes les douces impressions que lui a laissées ce spectacle ineffable de la famille chez les oiseaux.

III. L'éducation des jeunes chez les oiseaux.

Mais, à côté de ces premiers soins qui s'adressent

à l'être physique, succède l'éducation véritable qui s'adresse à l'être intelligent qui doit apprendre, connaître, être préparé à la lutte qu'il aura à supporter seul lorsqu'il sera séparé de ses protecteurs. Le résultat à atteindre est variable suivant la nature même du milieu préféré par l'espèce. L'oiseau lourd, comme le gallinacé, qui se sert rarement de ses ailes n'aura à s'initier au début qu'aux difficultés de la marche; pour l'oiseau aquatique, la nage est obligatoire, pour l'oiseau au vol élevé et rapide, il faut se familiariser avec le maniement de l'aile. Des exemples rendront plus précises ces distinctions.

Les œufs de la poule subissent ordinairement une incubation de vingt et un jours, quelquefois dix-neuf, rarement vingt-quatre. Le petit brise alors la coque de l'œuf, il étend ses jambes, sort la tête de dessous les ailes, allonge le cou, le porte en avant, piaule, et peu d'instants après que l'air ambiant l'enveloppe entièrement, il se glisse sous le ventre de la couveuse, se sèche, se lève, marche et ramasse sa nourriture. Durant quelques semaines il a besoin que la couveuse le protège, le guide et lui procure sous ses ailes un abri contre le froid et les intempéries.

Au bout d'un mois d'incubation, les canetons sortent de l'œuf. Aussitôt éclos, la mère les conduit à l'eau. Ils font d'abord les récalcitrants. Alors la mère entre dans la mare et rapporte quelques débris végétaux qu'elle leur présente, les attirant de plus en plus vers le bord. Ainsi encouragés les petits entrent à leur tour et se mettent à nager.

Ils ne reviennent plus au nid et demandent à la mère une aile protectrice pour la nuit. Ils ne prennent qu'au bout de trois mois les plumes nécessaires au vol.

La mère reste longtemps parmi les jeunes, leur apprenant à fuir le danger et leur indiquant l'approche de l'ennemi par un cri particulier. Sur l'eau les canetons plongent, sur la rive ils décampent avec rapidité. Andubon rapporte qu'il surprit un jour une cane et ses petits dans un petit bois, la cane hérissa ses plumes et s'avança vers le chien pendant que les canetons s'échappaient dans toutes les directions. Le chien eut vite rejoint les fuyards et les rapporta un à un, sans blessures, au chasseur. La mère avait changé de tactique, elle s'avança vers le chasseur avec un air tellement suppliant qu'Audubon lui rendit ses enfants sains et saufs.

Dans d'autres espèces aquatiques, la mère emploie un autre procédé pour forcer ses petits à entrer à l'eau. « Chez l'eider, elle va devant, les encourageant à la suivre par de petits cris d'appel, puis aussitôt arrivée au bord de la mer elle les prend sur son dos et nage jusqu'à une certaine distance de la terre; arrivée là elle plonge, de sorte que les jeunes subitement abandonnés au cours de l'eau sont bien obligés de se tirer d'affaire eux-mêmes. Nous nous sommes amusés bien souvent, dit le Dr Labonne, à observer cette scène; la mine effrayée du jeune eider cramponné aux ailes de sa mère et semblant protester contre ce plongeon forcé est comique à voir. »

Michelet nous fait assister aux premiers essais du vol. « Les leçons sont curieuses. La mère se lève sur ses ailes : le petit regarde attentivement et se soulève un peu aussi, puis vous la voyez voleter : il regarde, agite ses ailes... Tout cela va bien encore, cela se fait dans le nid... La difficulté commence pour se hasarder d'en sortir. Elle l'appelle, elle lui montre quelque petit gibier tentant, elle lui promet récompense, elle essaye de l'attirer par l'appât d'un moucheron. Le petit hésite encore. Et mettez-vous à sa place. Il ne s'agit pas ici de faire un pas dans une chambre, entre la mère et la nourrice, pour tomber sur des coussins. Cette hirondelle d'église, qui professe au haut de sa tour sa première leçon de vol, a peine à enhardir son fils, à s'enhardir peut-être elle-même, à ce moment décisif. Tous deux, j'en suis sûr, du regard plus d'une fois mesurent l'abime et regardent le pavé... Mais il a cru, il est lancé, et il ne retombera pas. Tremblant, il nage soutenu... des cris rassurant de sa mère... Tout est fini. »

M. Chenevièvres, dans une relation intéressante, nous montre qu'une mode différent est en usage dans d'autres espèces : « Un jour, dit-il je me promenais avec mon fils à Moutier. Nous aperçumes du côté du nord, sur le Petit-Salève, un aigle qui s'échappait de l'anfractuosité des rochers. Quand il fut assez près du Grand-Salève, il s'arrêta, et deux aiglons qu'il avait portés sur son dos se hasardèrent à voler, d'abord très près de lui en cercles resserrés ; puis, quelques moments après, se sentant fatigués, ils vinrent se reposer sur le dos de leur instituteur. Peu à peu les essais furent plus longs, et, à la fin de la leçon, les petits aigles firent des tours notablement plus considérables, toujours sous les yeux de leur maître de gymnastique. Quand une heure environ se fut écoulée, les deux écoliers reprirent la place sur le dos paternel. L'aigle rentra dans le rocher d'où il était sorti. »

Mais il ne suffit pas de faire un premier pas, de perfectionner la marche, la nage ou le vol, il faut apprendre les mille et mille détails de la vie et l'expérience des parents est le facteur important de cette nouvelle phase de l'éducation.

Comment s'établissent les rapports entre les parents et les jeunes : par les gestes et chez beaucoup d'entre eux par la voix. Houzeau a donné, dans son remarquable ouvrage, une notation parfaite du langage de la poule.

« Quand le poulet est encore tout petit, il exerce son organe vocal dans ses jeux, dans ses moments de joie. On l'entend le soir, en particulier, lorsque sa mère vient de s'installer au nid pour la nuit. Il passe la tête hors de l'aile qui le protège, et tient avec ses frères et sœurs un semblant de conversation, comme l'enfant qui fait le simulacre de la lecture. Dans cet exercice ou délassement, la quadruple syllabe *pi pi pi pi* revient sans cesse. »

» Il y aussi le « cri de maternité » le « chant de délivrance »... A peine la poule est-elle mère qu'elle fait entendre le cri d'appel *co co co, co co co*. Cet appel n'est pas absolument particulier à la femelle. C'est aussi celui du mâle lorsqu'il trouve un objet à manger et qu'il invite, avant d'y toucher, ses compagnes ailées... Un cri tout à fait particulier à la femelle, c'est le cri de ralliement. Qui n'a vu passer devant soi une troupe de poulets conduits par leur mère? Qui n'a entendu le *coc, coc, coc*, que cette gardienne attentive émet posément, à des intervalles réglés? Et, si quelque membre de la jeune famille vient à s'égarer... la mère met plus d'animation dans le raillement et élève la voix pour se faire entendre à distance.

» La distribution forme un cri bien distinct, également particulier à la femelle. Une poule mère, en recevant la pâtée, ne manque jamais de l'émietter devant ses enfants. Son cri, *ti ti ti ti*, réunit aussitôt les poussins autour de son bec. C'est de ce bec même que quelques-uns des petits piquent les déchets de pâtée qui s'y trouvent adhérents...

» L'avis du danger passe lui-même par différentes variations, suivant la nature de l'être à redouter; et ici nous voyons poindre les appellations distinctes par formes dérivées. »

Les anciens augures prétendaient reconnaître soixante-quatre modulations différentes dans le cri du corbeau; l'oreille moins exercée perçoit distinctement dans les cris des oiseaux des interjections diverses qui manifestent des états mentaux distincts et qui établissent entre la mère et les jeunes un constant et continuel échange d'impressions et de sentiments.

Quant aux enseignements donnés par les parents, ils se rapportent à la recherche de la nourriture, à la façon de lutter contre l'ennemi, à la construction des habitations pour les jeunes. Car les preuves abondent maintenant qui relèguent l'instinct parmi les chimères. L'oiseau possède une intelligence dont il fait un usage raisonné et si l'hérédité le fait naître prêt à agir dans telle ou telle direction déterminée, il n'en conserve pas moins le pouvoir d'adopter à son tour des combinaisons préférables qu'il pourra transmettre à ses descendants.

Dans son *Voyage autour du monde*, Darwin s'est attaché à réunir des faits précis sur la façon dont l'oiseau se comporte par rapport à l'homme. Pendant son séjour dans l'archipel des Galapagos, il fut frappé du défaut de timidité des oiseaux. « Ce caractère, dit-il, est commun à toutes les espèces terrestres, c'est-à-dire aux oiseaux moqueurs, aux colombes et à la buse. Tous s'approchent de vous d'assez près pour qu'on puisse les tuer à coups de baguette ; on peut même les prendre, comme j'ai essayé de le faire moi-même, avec son chapeau ou une casquette. Le fusil vous est presque une arme inutile dans ces îles : il m'est arrivé de pousser un faucon avec le canon de ma carabine. Un jour que j'étais assis, un oiseau moqueur vint se poser sur le bord d'un vase fait d'une écaille de tortue que je tenais à la main et il se mit tranquillement à boire ; pendant qu'il était posé sur le bord du vase, je le soulevai de terre sans qu'il bougeât ; j'ai souvent essayé, et souvent aussi j'ai réussi, à prendre ces oiseaux par les pattes. »

» Les oiseaux de ces îles paraissent avoir été encore plus hardis qu'il ne le sont à présent. Cowley (il a visité cet archipel en 1684 dit : « Les tourterelles étaient si parfaitement apprivoisées, qu'elles venaient se percher sur nos chapeaux et sur nos bras, de telle sorte que nous pouvions les prendre vivantes ; elles devinrent un peu plus timides quand quelques-uns de nos camarades eurent tiré sur elles. »

» Dampier écrit aussi, dans la même année, qu'un homme pouvait facilement tuer, pendant sa promenade du matin six ou sept douzaines de tourterelles.

» Bien qu'elles soient encore aujourd'hui extrêmement apprivoisées, les tourterelles ne viennent plus se percher sur les bras des voyageurs ; elles ne se laissent pas non plus tuer en nombre si considérable. Il est même surprenant que ces oiseaux ne soient pas devenus plus sauvages, car, pendant les cent cinquante dernières années, des boucaniers et des baleiniers ont fréquement visité ces îles ; et les matelots, errant dans les bois à la recherche des tortues, semblent se faire une fête de tuer les petits oiseaux.

» Bien que plus pourchassés encore aujourd'hui. ces oiseaux ne deviennent pas facilement sauvages. A l'île Charles, colonisée depuis six ans environ, j'ai vu un gamin assis auprès d'un puits une badine à la main, avec laquelle il tuait les tourterelles et les moineaux qui venaient boire. Il en avait déjà un petit tas auprès de lui pour son dîner : il me dit qu'il avait l'habitude de venir se poster auprès de ce puits dans le but d'en tuer tous les jours. Il semble réellement que les oiseaux de cet archipel n'aient pas encore compris que l'homme est un animal plus dangereux que la tortue; ils n'y font donc pas plus d'attention que les oiseaux sauvages anglais, par exemple, ne font attention aux vaches et aux chevaux qui broutent dans les champs. »

Darwin a joint à ses observations personnelles les faits cités par Pernetty et Lesson sur des oiseaux des îles Falkland, de Du Bois sur ceux de l'île Bourbon (en 1572), de Carmichaël sur ceux de Tristan d'Acunha. Sur ces points, les oiseaux étaient aussi peu timides qu'ils le sont aux Galapagos.

Une remarque intéressante, c'est que ces oiseaux, si hardis avec l'homme, s'entourent des plus grandes précautions contre les animaux carnivores, faucons, hiboux et renards qui leur font une chasse active. Ils n'ont point trouvé contre nous les ruses qu'ils multiplient pour échapper à leurs ennemis.

De ce fait, Darwin conclut :

1° Que la sauvagerie des oiseaux vis-à-vis de l'homme est un instinct particulier dirigé contre l'homme, instinct qui ne dépend en aucune facon de l'expérience qu'ils ont pu acquérir contre d'autres sources de danger;

2° Que les oiseaux n'acquièrent pas individuellement cet instinct en peu de temps, même quand on les pourchasse beaucoup mais que, dans le cours des générations successives, il devient héréditaire.

Il est intéressant d'opposer ces oiseaux confiants aux volatiles de nos régions qui, poursuivis, traqués, ont fini par considérer l'homme comme l'ennemi le plus cruel, le fuient et rivalisent de stratagèmes pour échapper à ses coups : « En France, dit Espinas, la tactique des perdrix s'est améliorée, comme s'est améliorée, dans toutes les régions visitées par l'homme, la tactique des animaux exposés à ses coups. Tous ceux qui chassent depuis vingt ans dans les départements du Centre assurent que la perdrix, qui s'envolait jadis, surtout au début de la chasse, par individus isolés et sous le nez du chien, s'envole maintenant par compagnies et à une grande distance du chasseur. » A la Plata, au dire de Darwin, les perdrix ne vont pas en compagnies. C'est un animal stupide qui se laisse approcher et tuer à coups de bâton.

Que de ruses ont dû se manifester avec l'apparition d'ennemis nouveaux, d'armes nouvelles. A mesure que l'esprit inventeur de l'homme trouve le moyen de frapper plus loin et plus sûrement, l'animal multiplie ses moyens de défense.

Mais l'homme n'est pas le seul ennemi. S'il est souvent cruel, il est bon quelquefois, et alors l'oiseau le prend pour son protecteur contre les ennemis du dehors. L'hirondelle sait qu'elle n'a rien à craindre dans nos pays et elle pose son nid contre nos demeures; le rouge-gorge se blottit l'hiver dans nos chaumières et le moineau familier vient, dans nos jardins publics, prendre le pain sur la main des visiteurs bienfaisants. Sous les tropiques, où les affreux serpents guettent les petits oiseaux et brisent les œufs dans les nids, une quantité d'espèces viennent nicher près des habitations humaines, car la présence de l'homme éloigne les reptiles.

Ainsi l'oiseau se règle sur l'homme, fuyant devant ses armes ou le prenant comme protecteur. Dans la première rencontre, l'oiseau confiant se laisse approcher sans terreur; s'il est victime, ses compagnons plus heureux, qui ont échappé au massacre, transmettent à leurs descendants la crainte du chasseur, et les générations successives multiplient les ruses et les moyens d'assurer leur sécurité. Il y a donc transmission des faits acquis, éducation et perfectionnement graduel.

Dans la construction du nid, on observe une même tendance à l'adaption du nid aux circonstances particulières où il est bâti. Le nid est différent suivant l'âge de l'oiseau, différent suivant les conditions du milieu : « On ne peut, dit Leroy, observer avec quelque attention et quelque suite les nids des oiseaux sans s'apercevoir que ceux des jeunes sont la plupart mal façonnés et mal placés; souvent même les jeunes femelles pondent partout sans avoir rien prévu. »

Ce qui ressort de cette étude, c'est la part prise par les parents dans l'éducation des jeunes, qui assure la transmission des connaissances acquises, et donne une large place à l'initiative et au perfectionnement individuels.

IV. La famille chez les mammifères.

Chez tous les mammifères, la mère chérit son nourrisson; c'est à peine si, dans quelques espèces, l'affection maternelle semble s'affaiblir dans une certaine mesure.

La domestication a produit chez la vache, la brebis et autres espèces soumises à l'action directe de l'homme qui se charge du soin des jeunes, un anéantissement de cette force qui pousse la mère à protéger le jeune contre le ravisseur. Parmi les espèces sauvages, le cas du lièvre est le plus caractéristique.

Le lièvre femelle, ou hase, recherche pour mettre bas un lit doux de feuilles sèches, de gazon ou de paille. Les petits qui naissent sont déjà fort développés, les yeux ouverts, prêts à faire leurs premières gambades. Au bout de cinq ou six jours, la mère les abandonne, ne revenant qu'à de longs intervalles pour se débarrasser de son lait qui est bientôt tari. C'est là un fait que tous les chasseurs signalent et ils sont unanimes à constater que la femelle fuit à l'approche du danger, laissant ses petits sans protection contre l'ennemi.

Dans ces conditions, la mortalité est grande

parmi les levrauts, surtout étant donné que le père est aussi indifférent, sinon cruel. Le froid, la faim tuent les plus chétifs, car ils doivent presque, dès la naissance, assurer eux-mêmes leur existence.

Les jeunes cherchent dans un appui mutuel la protection qui leur manque du côté de leurs parents. Ils restent longtemps réunis, choisissant leurs gîtes dans le même lieu, fréquentant les mêmes pâturages, toujours prêts à s'entr'aider et à se secourir. Plus tard, ils se séparent, prêts à aisser leurs jeunes au dur apprentissage de la vie.

Mais ces cas sont rares : déjà chez le lapin, si proche parent du lièvre, la femelle creuse un terrier spécial pour les jeunes. Avec quelle prévoyance elle ferme ce terrier chaque fois qu'elle s'éloigne ! Et elle ne permet au mâle de s'occuper des jeunes que quand ils sont devenus grands déjà et prêts à gambader parmi l'herbe fraîche. Ces scènes de famille mettent en lumière l'énorme attachement des parents pour les jeunes qu'ils initient aux joies et aux dangers communs.

Le campagnol (*Arvicola terrestris*) creuse un terrier comme le lapin, ou fabrique dans les roseaux une espèce de nid grossier où il dépose les jeunes. « Chez ces animaux, dit Brehm, la sollicitude maternelle se traduit, lorsqu'un danger menace les petits, par certains mouvements de trépidation brusques et fréquents. A ce signal, qui probablement est pour eux l'indice d'un danger imminent, les petits, trop faibles encore pour fuir, saisissent aussitôt avec la bouche les tétines de leur nourrice, s'y greffent en quelque sorte, et se laissent entraîner loin du nid sans faire résistance. Le danger a-t-il disparu, la mère les ramène de la même manière, et si, par cas fortuit, l'un d'eux s'est détaché de la mamelle, elle va à sa recherche et le rapporte entre ses lèvres, à l'exemple d'une foule d'autres mammifères. »

La plupart des rongeurs imitent le campagnol dans leur sollicitude pour les jeunes, jusqu'à la souris domestique (*Mus musculus*) si facile à observer partout où l'homme a posé le pied. Weinland nous fait assister à une scène dont nous avons tous été témoins : « On trouva un jour une souris dans son nid avec ses neuf petits. Elle eût pu s'enfuir, et cependant ne fit aucun mouvement. On mit les petits et la mère sur une pelle, elle ne bougea pas ; on les porta ainsi jusque dans la cour, en descendant plusieurs escaliers, elle demeura avec eux. »

La femelle de la loutre témoigne aux jeunes le plus tendre dévouement. « Son affection pour eux est si grande, dit John Franklin, que souvent elle se fait tuer plutôt que d'abandonner sa progéniture. Quand les petits sont enlevés à la mère, celle-ci suit le ravisseur et témoigne sa douleur par des cris ayant quelque ressemblance avec la voix d'un être humain. Les petits, de leur côté, appellent leur mère avec un ton de voix qui ressemble au cri des enfants. »

Chez le renard, la femelle veille sur les jeunes

dans le terrier, tandis que le mâle cherche au dehors la nourriture nécessaire. Comme il y a de six à huit petits, la quantité de volaille et de gibier détruite est considérable, aussi, pour ne pas donner l'éveil et attirer les voisins au terrier, le renard fait des expéditions lointaines qui dépistent toutes les poursuites des propriétaires dépouillés. Bientôt les petits, couverts de poils, sortent du terrain et gambadent au soleil sous l'œil vigilant de la mère, pendant que le mâle surveille les environs. Au moindre bruit, ils disparaissent dans le donjon. Lorsqu'ils sont plus grands et capables de faire bonne garde, les deux parents vont aux provisions, enfin les jeunes suivent les parents dans leurs expéditions et se familiarisent avec les stratagènes nécessaires pour la capture des petites proies qu'ils poursuivent. On a vu un renard redoutant quelque embûche dressée près de son terrier transporter dans la nuit tous ses petits à une grande distance, abandonnant pour toujours son premier donjon. Une mère essuya le feu de trois chasseurs sans lâcher le petit qu'elle avait dans la gueule. Dans un cas enfin cité par Eckstrom, naturaliste suédois, un renard ne pouvant rompre la corde qui retenait captif un de ses renardeaux, plaça devant lui une grosse dinde tuée dans le poulailler voisin.

La chienne est un exemple non moins touchant d'amour maternel. Elle entoure ses petits des soins les plus délicats, les lèche, les garde, les réchauffe par tous les moyens possibles. Elle sait les transporter d'un lieu à un autre en les saisissant par la peau du cou. On cite le cas d'une chienne qui, ayant accompagné son maître à une distance de vingt lieues, mit bas dans cet endroit ses petits. En trente-six heures tous les jeunes furent transportés par la mère au premier domicile. C'est un fait pris entre mille qui montre un profond attachement de la mère pour ses petits.

La chatte ne cède en rien à la chienne sous ce rapport. « La première voix des petits chats, dit Scheitlin, est excessivement douce et tout à fait enfantine. Ces petits êtres sont tellement remuants que, tout aveugles encore, ils quittent déjà leur couche, dans laquelle la mère est ensuite obligée de les reporter. A peine y voient-ils, qu'ils n'y tiennent plus et rampent tout autour du nid en poussant de fréquents miaulements.

» Ils se mettent immédiatement à jouer avec tout ce qui roule, glisse ou vole, c'est déjà l'instinct de la chasse aux souris et aux oiseaux qui commence à percer. Ils jouent continuellement avec la queue de leur mère et avec la leur propre, dès qu'elle est assez longue pour qu'ils puissent la saisir avec leurs pattes; ils la mordent aussi et ne remarquent pas immédiatement qu'elle fait partie de leur corps. Les petits chats font les sauts les plus singuliers et les mouvements les plus gracieux. Leurs gestes et leurs jeux, auxquels ils se plaisent comme des enfants, les amusent, eux et les personnes qui les aiment, pendant des heures entières.

» L'amour de la mère pour ses petits est admirable. Elle leur prépare un nid avant la naissance et les porte immédiatement dans un autre endroit, dès qu'elle redoute le moindre danger pour eux; elle saisit, avec les lèvres seulement, la peau de la nuque et les transporte si doucement que les petits êtres s'en aperçoivent à peine. Pendant qu'elle nourrit, elle ne quitte sa couche que pour chercher de la nourriture pour eux et pour elle. Quand un chien étranger ou un autre chat s'approche d'une chatte qui nourrit, elle se précipite avec fureur sur l'intrus. »

Dans tous les félins, aussi bien chez les plus grands, lions, tigres, léopards et jaguars, que chez le chat, on retrouve l'éducation soignée des jeunes, la propreté excessive dont ils sont entourés, les jeux variés qui occupent la famille. La mère est la plus bienveillante, la plus attentionnée, la plus soigneuse qui se puisse concevoir, prodiguant son lait, puis chassant ensuite pour nourrir ses petits.

Le père joue un rôle fort effacé dans cette éducation. Dans plusieurs espèces même, le mâle est un objet de terreur pour la mère et pour les jeunes. Les récits des voyageurs nous montrent le tigre s'attaquant à la femelle et cherchant à forcer le repaire pour dévorer ses enfants. C'est à cette crainte qu'inspire le mâle que serait dû le soin avec lequel la femelle cache ses petits.

Cet instinct particulier du mâle paraît tellement étrange qu'il est nécessaire de le confirmer par des observations sur des espèces indigènes.

Le loup se prête à ces observations.

« La louve, dit Brehm, met bas de trois à neuf petits sur un lit de mousse, dans une forêt épaisse, dans un trou qu'elle a creusé elle-même sur le flanc d'un ravin, entre les racines d'un arbre, ou dans un terrier abandonné de renard ou de blaireau, qu'elle a agrandi. Les petits naissent aveugles et restent huit ou dix jours dans cet état.

» La femelle les allaite pendant cinq à six semaines. Jusqu'à ce qu'ils puissent courir, elle les dérobe soigneusement aux autres loups, même à leur père qui ne se fait nul scrupule de dévorer sa progéniture quand il peut la surprendre. »

Chez tous les ruminants qui vivent en troupeaux plus ou moins denses, le rôle du mâle est à peu près nul pour l'éducation des jeunes. Le mâle surveille son harem et laisse aux femelles le soin de leurs nourrissons. Mais de ce côté se manifeste la même sollicitude, l'amour qui ne connaît pas le danger pour la protection des jeunes. Le chevreuil comme le chamois ou le bouquetin se sacrifient pour éloigner le chasseur et sauver leurs petits et ces derniers restent attachés au cadavre de la mère, se laissant prendre plutôt que d'abandonner la place.

Les petites chauves-souris, dès leur naissance, s'accrochent à leur mère et se fixent au sein. La mère les emporte dans son vol et au repos les enveloppe de son aile. C'est là que les petits grandissent. Ils prennent à leur tour leur élan dans l'espace, agitant leurs ailes, et reviennent se poser sous l'aile maternelle. Ils conservent longtemps encore cette habitude, profitant de ce lieu sûr contre le moindre danger.

Les galéopithèques portent les jeunes attachés au flanc, dans le grand sac formé par la membrane aliforme.

V. Les causes des associations.

Les faits que nous venons de relater nous autorisent à rechercher les causes de l'union sexuelle et des manifestations familiales chez les vertébrés.

L'union sexuelle est due à une force impulsive qui assure la persistance de l'espèce. L'individu doit se reproduire avant de disparaître, car l'espèce doit persister au delà des individus vivants par une génération nouvelle, germe elle-même de générations nouvelles. Il faut reconnaître que cette force impulsive trouve son point de départ dans les modifications organiques qui se produisent à des moments prévus et provoquent l'union des sexes. La saison des amours amène dans l'organisme le développement complet des éléments sexuels, et tout un ensemble de sécrétions particulières, de formations internes ou extérieures, indiquent la préparation des individus aux noces prochaines. Puis vient l'excitation générale, la lutte contre les rivaux, la conquête de la femelle et la fécondation que la fièvre délirante du mâle assure par un acte brutal. Ici, rien n'est raisonné, rien n'est voulu, l'individu est subordonné aux réactions de son organisme et il subit l'impulsion physique dans toute son intensité. Même dans les vertébrés où la fécondation est extérieure, l'impulsion se produit de la même façon et le gonflement des ovaires et des testicules provoque le rapprochement des animaux sexués qui se comportent comme nous l'avons indiqué.

Si l'union des sexes est sous le coup de transformations organiques, peut-on assigner une semblable origine aux sentiments affectueux des parents pour leur progéniture ?

Après la fécondation, l'œuf de l'oiseau se modifie profondément, et, en même temps, la partie du tégument de la mère qui doit présider à l'incubation se transforme au point de vue vasculaire. Sans aller jusqu'à penser que le besoin d'une sensation de froid pousse l'oiseau à se coucher sur les œufs, il est possible de penser que cette turgescence particulière des tissus est, dans l'espèce, une indication pressante pour la mère.

Chez les mammifères, on peut supposer que le renouveau qui suit la fécondation donne à la femelle un bien-être étrange, qui lui fait suivre, avec une satisfaction croissante, les modifications organiques qui se passent en elle. Et quand elle voit le petit être qui s'échappe de ses entrailles, elle est déjà préparée, par l'apparition de sécrétions nouvelles, à lui fournir l'aliment nécessaire. Pourquoi la pesanteur des mamelles n'indiquerait-elle pas à la femelle qu'elle doit les présenter au nourrisson tout préparé à aspirer le lait. Et, de ce fait, les deux êtres ainsi unis éprouvent une satisfaction réciproque : la mère est allégée d'une pesanteur douloureuse; le jeune éprouve le bien-être d'un besoin satisfait.

Il faut admettre que, dans l'incubation chez l'oiseau, dans l'allaitement chez les mammifères, ce qui préoccupe la mère, c'est de mettre les parties de son organisme, modifiées dans un but spécial, en rapport avec les êtres qui doivent bénéficier de ces transformations. La mère couveuse et la nourrice s'occupent avec la plus grande sollicitude de l'œuf, et du jeune, mais cette sollicitude n'a aucun rapport obligé avec l'œuf pondu par la mère ou le jeune né de la nourrice elle-même. Les faits expérimentaux de substitution d'œufs ou de jeunes sont des plus probants, et les observations des naturalistes les confirment d'une façon absolue.

Les oiseaux domestiques couvent avec la plus grande facilité les œufs qu'on leur présente. La poule se couche sur ses œufs comme sur ceux de ses voisines et elle ne fait nulle attention aux œufs de canard qu'on lui présente. Dans ce dernier cas, elle ne se doute même pas au moment de l'éclosion que ce sont des canetons et non des poussins qui l'entourent. De là ses cris et sa stupeur quand les jeunes courent à la mare voisine laissant la mère sur le rivage. Les œufs de faisan, de perdrix trouvent tout aussi bon accueil.

De la même façon, les oiseaux sauvages supportent avec la même insouciance la substitution des œufs. J'ai vu, chez mon jardinier, une buse qui avait été capturée au nid sur les œufs qu'elle couvait. Pendant le transport les œufs furent brisés et mon jardinier eut l'idée de placer dans le nid des œufs de poule. La buse couva, l'éclosion eut lieu et il était fort étrange de voir l'oiseau rapace déchirer la viande qu'elle donnait aux poussins, comme s'il se fût agi de petits de son espèce.

On comprend, dans une certaine mesure, l'erreur sur la nature des œufs présentés à la mère, mais il est beaucoup plus difficile de saisir comment une mère, appartenant à une espèce ayant acquis par hérédité des caractères précis, puisse accueillir comme son propre rejeton le petit issu d'un œuf d'espèce différente. Et cependant le petit qui brise la coquille d'un tel œuf, trouve dans la couveuse une mère prête à lui prodiguer les soins les plus assidus.

Ce fait tellement surprenant a été mis à profit par un oiseau, le coucou, que nous retrouverons bientôt, en nous occupant du groupe des oiseaux parasites.

D'après les observations de A. Newton « l'œuf du coucou présente à peu près les mêmes marques que ceux de l'oiseau dont le nid l'abrite. Il peut donc y avoir erreur au début, mais, au moment de l'éclosion, le coucou n'a aucun rapport avec les jeunes élevés par les parents dans les précédentes couvées; bien plus, il se montre un cruel brigand qui assassine ses frères pour rester seul maître du nid. Et cependant les père et mère dupés, séparés de leurs vrais enfants, élèvent le tyran et lui donnent les soins les plus tendres. »

Chez les mammifères des faits correspondants s'observent et cependant ici la substitution ne peut s'effectuer que beaucoup plus tard. La mère a porté dans son sein, a vu naître ses enfants, et cependant elle accepte les petits des autres.

Des observations indiscutables se rapportent aux animaux domestiques et nous pouvons chaque jour assister à des substitutions semblables et au bienveillant accueil fait par la nouvelle mère aux nourrissons qu'on lui confie.

La chienne accepte très facilement les jeunes chiens dont elle n'est point la mère : elle allaite même les petits d'autres animaux, tels que des chats et des lapins ; mais c'est surtout la chatte qui nous offre les exemples les plus frappants. J'emprunte à Brehm les citations qu'il a réunies sur ce sujet si intéressant.

« Ce qu'il y a de curieux, c'est qu'une chatte qui allaite, porte très souvent son affection sur de faibles êtres autres que ceux de son espèce. Ainsi l'on connaît de nombreux exemples de chattes qui ont nourri des petits chiens, des petits lapins, des petits lièvres, des petits écureuils, des rats et même des souris. »

« Une chienne épagneule à longues soies, dit le capitaine Marryat, avait eu d'une seule portée cinq petits, très bien conformés et qui semblaient ne demander qu'à vivre. Cependant, comme on les laissait tous à la mère, on craignait qu'elle ne s'épuisât sans parvenir à les élever. Il paraissait indispensable d'en sacrifier une partie pour sauver le reste... On eut l'idée de faire allaiter deux des petits chiens par une chatte qui, justement venait de mettre bas. On enleva un des chatons qu'on remplaça par un petit chien. La chatte, ayant bien accueilli l'étranger, reçut peu de jours après un second nourrisson, qu'elle traita comme le premier, et bientôt elle n'en eut plus d'autres, car on eut soin, afin qu'ils ne souffrissent pas, faute de nourriture, de faire disparaître, l'un après l'autre tous les frères de lait... Voilà mes petits chiens qui profitent à merveille... Bientôt ils purent manger de la viande et, à une époque où leurs trois frères, élevés par la vraie mère, étaient encore tout à fait incapables de se suffire à eux-mêmes, eux pouvaient sans inconvénient se passer de nourrice, de sorte qu'on ne tarda pas à les donner. La pauvre chatte en fut inconsolable... Enfin, ayant trouvé moyen de pénétrer dans la chambre où la chienne nourrissait les petits qu'on lui avait laissés... elle enleva deux petits. On lui avait pris deux nourrissons, elle en avait pris deux, elle savait fort bien son compte. »

G. White rapporte un fait semblable d'une chatte nourrissant des levrauts. Une autre chatte, à laquelle on avait enlevé ses petits, se coucha sur une portée de petits rats qu'on lui avait apportés comme nourriture et devint leur nourrice. Un petit écureuil trouva dans une chatte la mère la plus attentionnée.

Ces faits, pris entre mille, peuvent être confirmés par les essais si faciles à tenter chaque jour sur ces adoptions étranges. Ce qui frappe, c'est que la mère qui a vu ses propres enfants, qui a constaté le rapt fait à son préjudice quand on lui a enlevé sa portée, puisse accueillir des êtres différents de forme et de caractère, pour les allaiter et leur prodiguer sa tendresse. Nous agissons dans ce cas comme le coucou par rapport à ses dupes, et dans les deux cas, le parasite introduit au nid est bien accueilli et élevé par les parents. Il semble que l'amour du nourisson en général passe avant l'amour du jeune pris en particulier, car la mère, qui devrait être inconsolable de la perte des siens, retrouve son bonheur en sentant à ses mamelles ses nouveaux fils adoptifs.

On peut constater dans beaucoup d'invertébrés des faits analogues qui mettent en relief cette espèce d'aveuglement de la mère qui accomplit sa mission sans songer aux possibilités d'erreur, quand il s'agit de l'existence de l'espèce et de sa reproduction. Que deviennent les liens du sang dans ces premières manifestations familiales?

Cependant le jeune grandit, et dès lors s'établit entre la mère et lui un échange constant d'impressions, et de cette réciproque intervention proviennent des liens étroits qui désormais établissent entre les deux êtres des rapports familiaux plus intimes.

Est-il possible d'assigner des causes psychiques déterminées à cet ensemble d'impulsions qui fait l'amour maternel et crée l'affection des jeunes pour la mère. La mère éprouve la satisfaction de voir grandir par elle les êtres chétifs qu'elle a engendrés; elle suit pas à pas les étapes successives de leur développement intellectuel et physique, et de cette constante observation naît la sympathie qui deviendra l'amour poussé à ses dernières limites, cette impulsion invincible qui porte la mère à mépriser la mort pour sauver ses enfants. Le fait de la substitution des jeunes semble indiquer que cette impulsion se façonne par le contact de la mère et des jeunes, car on s'expliquerait difficilement qu'un amour devant s'appliquer à un être fixé héréditairement dans ses caractères, puisse s'appliquer au jeune provenant d'une autre espèce. La sympathie, origine de cet amour, semble prendre corps dans un contact obligé et l'on conçoit dès lors que le jeune, quel qu'il soit, puisse déterminer le développement de cette sympathie naissante de la mère pour son propre fils ou pour un fils adoptif.

On affirme que, dans certaines espèces sauvages de singes et de ruminants les femelles survivantes recueillent les orphelins laissés par la mort d'une femelle et leur donnent la nourriture et l'éducation, faisant de ces enfants adoptifs des frères de leurs propres petits.

La reconnaissance des jeunes pour l'être ou les êtres qui leur prodiguent les soins les plus tendres et leur procurent l'aliment, doit aboutir à un semblable amour, ayant pour origine une sympathie accrue par l'habitude et par la somme des services reçus. Au fond, c'est l'intérêt qui détermine cette sympathie, mais n'est-ce pas l'intérêt de l'espèce qui détermine, sans qu'elle en ait conscience, la mère à obéir aux conditions organiques qui précèdent, accompagnent et suivent les phénomènes de la reproduction?

L'affection du mâle pour la femelle et pour les jeunes est fort différente dans la série. Elle peut même être tout à fait absente, et dès lors la femelle n'est recherchée que pour satisfaire le besoin sexuel. Les jeunes sont négligés ou même considérés comme des proies que la femelle doit cacher et protéger par divers artifices. Mais, ailleurs, le mâle aide la femelle et devient chef de famille; ailleurs même il s'occupe seul des œufs fécondés.

L'intervention du mâle dans la famille peut s'expliquer par le sentiment de supériorité que le combat de noces donne au mâle qui a acquis par droit de conquête sa femelle et partant les jeunes futurs. L'amour du moi, l'idée de l'importance du rôle qu'il joue dans la protection des siens, est à coup sûr un mobile qui fixe le mâle à la femelle et aux jeunes. De plus, la répétition d'actes accomplis par la femelle peut entraîner le mâle à les reproduire et à partager l'incubation ou les soins prodigués aux jeunes. En tous cas, le mâle reste le gardien, le directeur, le puissant qui veille à la sécurité de tous, qui sait guider sa compagne et ses fils dans la lutte pour l'existence, si rude en tous lieux.

Le rôle si particulier du mâle, chez les poissons osseux et chez quelques batraciens, nous fait aborder une question qui peut permettre d'entrevoir les origines mêmes de l'attachement des générateurs pour les œufs ou les jeunes. L'émission d'un œuf volumineux, la sortie d'un fœtus développé, doit donner à la mère la sensation d'une portion de son propre organisme se détachant pour vivre en dehors d'elle, et la première impression doit être de s'occuper de ce quelque chose comme d'une partie de son corps devenue indépendante. On ne peut guère expliquer autrement les soins prodigués aux œufs qui semblent inanimés; il y a là autre chose que le produit d'une des sécrétions habituelles et c'est ce caractère exceptionnel qui attache la mère à cette partie de son propre organisme qui doit se développer au dehors d'elle.

La ténuité des œufs chez les vertébrés aquatiques, la réduction extrême des conduits vecteurs, donne aux femelles une sensation beaucoup moins marquée, et l'indifférence qui entoure l'émission de ces produits semble en rapport avec ces dispositions organiques. Mais le mâle, qui doit féconder ces œufs, lorsqu'ils ont été pondus, doit avoir son attention fixée sur ces produits extraordinaires qui réclament l'intervention de sa liqueur fécondante; il sent que c'est lui qui donne à ces œufs une partie de lui-même et, de ce fait, il éprouve pour ces œufs cet attachement qui le porte aux soins qu'il leur prodigue. Dans les espèces où il y a construction de nids, il faut admettre une action héréditaire transmise par des ancêtres et entraînant, avant la ponte, la préparation d'un berceau destiné à recevoir les œufs.

Nous ne pouvons quitter la famille sans étudier les rapports entre les jeunes. Ceux-ci ne sont pas tous enfantés égaux physiquement et intellectuellement, et cette variabilité entraîne des conditions diverses où les mieux adaptés prennent peu à peu le pas sur leurs frères. Les plus forts deviennent des protecteurs qui, subordonnés au père éprouvent les mêmes sentiments que lui par rapport aux plus faibles. Ces derniers trouvent ainsi l'occasion d'apprécier les services rendus et de manifester leur reconnaissance, et une sympathie réciproque, accrue par l'habitude donne à cet amour fraternel toute son intensité. Cette explication a pour elle de ne pas tenir compte de l'espèce des divers individus groupés autour de la mère, les familles mixtes produites par la substitution d'œufs ou de jeunes, se présentant avec la même réciprocité de sentiments entre jeunes d'espèces différentes, qu'entre jeunes unis par les soi-disant liens du sang.

Est-il possible de trouver dans ces sentiments familiaux l'origine et l'application des sentiments nécessaires pour maintenir le lien des associations supérieures que nous avons étudiées ?

L'intérêt seul, la force puisée dans le groupement en masses profondes, la facilité plus grande de résister aux attaques ou de triompher plus facilement de la proie convoitée, semble le mobile unique des associations indifférentes et réciproques. C'est seulement dans les associations permanentes des vertébrés supérieurs que l'intérêt, cause fondamentale, trouve dans l'expression de sentiments sympathiques des causes secondaires qui assurent la persistance de l'association.

En effet, quand l'association atteint son maximum de développement, l'organisation générale des familles associées se calque pour ainsi dire sur l'organisation même de la famille supérieure composée du père, de la mère et des jeunes. Une hiérarchie s'indique, que la division du travail marque avec la plus grande netteté, et ce sont les différences physiques et intellectuelles des individus associés qui permettent à cette division de s'établir d'une façon précise et définitive. Ainsi le fort ou les forts prennent peu à peu la direction de l'ensemble, sentinelles vigilantes, gardiens courageux, guides rompus à toutes les surprises de la route, sachant dépister les ennemis et découvrir les greniers d'abondance. Ils ont conscience de leur supériorité et ils éprouvent par cela même un grand contentement à se sentir suivis et admirés par les faibles groupés autour d'eux. Femelles, adultes déshérités, jeunes encore mal armés pour la lutte, trouvent dans cette force protectrice l'assurance du présent et du lendemain, et les services rendus chaque jour les attachent par la reconnaissance aux chefs de l'association.

Mais pourquoi tous les animaux n'ont-ils pas formé d'associations de cette nature? La cause en est à l'impossibilité pour beaucoup d'animaux de trouver dans un groupement des conditions favorables au bien-être de la famille. Tel animal carnassier a besoin de proies nombreuses, d'un territoire de chasse considérable; il doit forcément faire le vide autour de lui, éloigner les jeunes lorsqu'ils sont assez grands pour poursuivre eux-mêmes leurs proies, parce que les jeunes deviendraient des chasseurs rivaux qui pourraient amener la famine prochaine. Cette cause de la monogamie des oiseaux rapaces et des mammifères carnassiers est une raison fondamentale de toute impossibilité d'association chez ces animaux. C'est donc surtout chez les vertébrés frugivores et herbivores que de véritables peuplades avaient chance de se former parce que les immenses pâturages, les vastes forêts offraient réunies les conditions d'alimentation autorisant la vie commune d'individus nombreux ainsi associés, et, de fait, c'est dans cette série que nous avons décrit les formes sociales les plus intéressantes.

Comme nous l'avons vu en étudiant le troupeau, la famille polygame, plus indécise dans ses limites, plus hiérarchique dans les attributions diverses des individus, conduit naturellement au troupeau formé de familles polygames groupées. Est-ce à dire que la polygamie a procédé la monogamie? Rien ne le prouve, mais si la chose était, les instincts sociaux si faciles à comprendre dans l'union de familles polygames se seraient transmis héréditairement aux monogames et, les conditions du milieu autorisant la manifestation de ces instincts, la société de familles monogames aurait trouvé ainsi sa cause d'origine. Mais, sans recourir à une évolution sociale aussi discutable, on peut concevoir, surtout en se rappelant la facilité avec laquelle on peut substituer des individus d'espèces différentes dans la famille monogame, combien les sentiments affectueux se prêtent aux combinaisons sociales les plus diverses.

La famille mixte, où les générateurs et les descendants sont artificiellement d'espèces différentes, nous explique la possibilité d'associations entre individus d'espèces différentes. C'est à cette catégorie qu'appartiennent les mutualistes et les commensaux qui se rattachent insensiblement aux véritables parasites. Nous aborderons leur étude après avoir étudié les associations dans la série des invertébrés.

La tendance ultime de l'association doit être l'établissement d'une conscience unique, commune, assurant une action directrice dominante dans la vie générale de l'association. Si un tel résultat était atteint, les individus associés, spécialement adaptés à telle et telle fonction par la division du travail, prendraient peu à peu le rôle de simples organes, subordonnés à l'action des organes directeurs ou de l'organe unique concentrant toutes les sensations reçues par les associés et transmettant à chaque associé les ordres d'agir suivant les conditions nécessaires au bien-être général. De ce fait, l'association absorberait toutes les individualités associées et un tel ensemble constituerait un organisme unique, n'ayant qu'une conscience et qu'une volonté.

L'étude des associations de vertébrés ne nous présente aucun cas d'une semblable concentration ; on saisit, dans les sociétés supérieures, l'indication d'une subordination qui indique une organisation hiérarchique, mais il y a loin de quelques impulsions communes aux individus associés, pour l'attaque ou la défense, à une conscience unique tendant à la constitution d'un organisme social. Une association naît, se développe, décroit, disparaît, suivant en cela les lois de l'organisme en général, mais, dans les associations rudimentaires que nous étudions, il est impossible d'établir d'une façon précise les caractères fondamentaux qui, dans les associations humaines, vont se précisant, à mesure que l'on s'élève dans l'étude des peuples les plus civilisés.

DEUXIÈME PARTIE

Les Associations chez les Invertébrés

CHAPITRE PREMIER

LES MANIFESTATIONS SOCIALES ET LEURS CAUSES

Les associations indifférentes sont fréquentes chez les Invertébrés. Les unes ont pour cause le groupement d'individus, sortant d'œufs nombreux déposés au même point, et qui, trouvant les conditions du milieu où ils sont nés favorables, restent plus ou moins longtemps réunis dans un même lieu. Mais chacun mène une vie indépendante et ne prend aucune part active pour le bien de tous dans cette association purement fortuite de frères indifférents.

Les Mollusques, quelle que soit la classe à laquelle ils appartiennent, offrent de nombreux exemples de semblables associations. Les céphalopodes, si voisins des poissons par le développement et la concentration de leurs masses cérébrales, forment comme ceux-ci de vastes bandes, au moment de la maturité des produits sexuels. Les filets regorgeant d'élédones musqués, que les pêcheurs de Banyuls et de Collioure ramènent à la côte, affirment la présence de véritables bancs de ces intéressants mollusques. De même pour les seiches, que j'ai si souvent capturées sur les plages sablonneuses de Roscoff. La pêche à la sépiole se fait aussi à l'époque où elles recherchent les fonds de sable pour la fécondation, car c'est le moment où l'on a chance de promener le filet parmi leurs groupes plus ou moins denses.

L'agilité de ces Mollusques, façonnés pour la vie en haute mer, se prête bien à ces agglomérations temporaires qui favorisent l'union des sexes et assurent les conditions favorables à la ponte. Déjà chez les octopodes moins agiles, la vie plus sédentaire entraîne pour l'individu une solitude en rapport avec la recherche de la proie et l'établissement de territoires de chasse s'oppose à un groupement intime entre les individus de la même espèce. Quiconque a chassé le poulpe sur les côtes de la Manche, a saisi la différence qui distingue si profondément ce mollusque de ses congénères à ce point de vue. Chaque poulpe, blotti sous son rocher, attend les proies qu'il guette de son œil faux et méchant, il surveille et inspecte les rochers et les goémons qui l'entourent avec l'idée qu'ils sont à lui, bien à lui et qu'il est prêt à les défendre. Dans l'aquarium, le poulpe cherche querelle à son voisin de captivité et paraît l'être le moins sociable qui se puisse concevoir.

C'est au moment de la saison des amours que les gastéropodes de nos eaux douces se recherchent et s'unissent, adoptant, dans l'accouplement, les dispositions les plus étranges. De même les gastéropodes marins présentent dans certaines espèces une tendance à s'associer, mais ici la reptation, le déplacement lent s'opposent dans une certaine mesure à la constitution de sociétés véritables; la proximité des individus semble plutôt fortuite que recherchée par les animaux ainsi groupés. En revanche, les formes pélagiques des ptéropodes et des hétéropodes constituent des bandes innombrables qui trouvent ainsi, dans une association temporaire, des conditions favorables pour affronter la lutte pour l'existence.

Les plus sédentaires d'entre les mollusques sont les acéphales et, parmi eux, les acéphales fixés à un support. Pour ces derniers, la fixation des jeunes à proximité de la mère, amène la formation de bancs plus ou moins compacts. C'est à cette particularité que les huîtres doivent le groupement qu'elles présentent. Les embryons d'abord libres, s'éloignent peu de l'endroit où ils sont devenus indépendants, ils se fixent, et leur développement donne des adultes de plus en plus nombreux qui s'unissent en bancs d'une épaisseur et d'une étendue souvent considérables. Tous ces mollusques dont les coquilles accumulées ont formé des couches géologiques si puissantes sont dans ce cas, et cette disposition mérite de nous arrêter. En effet, ici, nous sommes bien en présence d'associations véritables, puisque les êtres fixés ont été primitivement indépendants, mais cette fixation donne à l'association un caractère de permanence absolu. Et cependant, les rapports entre les individus sont superficiels, les services réciproques absents, la division du travail réduite à néant et, il faut, de toute nécessité, ranger ces sociétés parmi les associations indifférentes.

Les Échinodermes, comme les Mollusques, s'unissent de façon analogue. Les coups de filets montrent les ophiures réunies en grand nombre sur tel ou tel point favorable. De même les oursins affectionnent certains rochers, certains fonds et là on les rencontre en associations massives et beaucoup d'astéries se comportent de la mème façon. Chez ces animaux, où la fécondation est extérieure, il est nécessaire qu'un rapprochement entre individus facilite la possibilité de rencontre entre les éléments sexuels expulsés, et c'est surtout au moment de la maturité des glandes qui président à la reproduction que ces êtres se recherchent avec le plus d'activité.

Les pêches à la grève, sous les rochers, dans le sable, parmi les zostères et les algues marines, montrent que les Vers et les Zoophytes ont une même tendance à un rapprochement plus ou moins étroit. On sait par expérience que tel banc de sable donnera telle annélide, que tel rocher soulevé fournira telle ou telle actinie. C'est que les conditions multiples créées par le milieu poussent telle ou telle espèce à rechercher l'endroit le plus favorable à son développement et à la conservation de sa ponte, et cette impulsion amène les individus de la même espèce à se grouper sur un même point, le mieux exposé. Dans nos ruisseaux, les *tubifex* et plusieurs de nos oligochètes limicoles, s'unissent en associations plus ou moins denses.

Comme nous le verrons bientôt, les Zoophytes, — et l'on peut joindre à ces derniers, les Tuniciers et les Bryozoaires — ont une tendance à produire par bourgeonnement des colonies d'individus restant unis de la façon la plus étroite. Or ces colonies, se comportant comme de véritables individus, sont capables de se rapprocher et de former ainsi de véritables associations. Je me souviens des superbes vérétilles que les pêcheurs de Collioure ramenaient à chaque coup de filet, encombrant les mailles, tellement elles étaient nombreuses sur certains fonds. Or, chaque vérétille, placée dans un bocal d'eau de mer bien aérée, se gonflait, et bientôt, sur toutes ses faces, se dressaient des bourgeons transparents comme le verre, qui épanouissaient leurs délicats tentacules. Chaque vérétille est une colonie d'individus multiples et ces colonies se réunissent par bandes nombreuses.

Les colonies des vellèles, comme celles des pavonines et des pennatulides, sont libres par leur base et l'on conçoit la possibilité pour elles de se rapprocher de semblable façon, mais c'est surtout chez les siphonophores, où l'indépendance de la colonie est portée à son maximum, que de véritables associations se présentent avec le maximum de développement. Dans ces formes, la colonie nage à la surface de la mer et souvent les réunions de ces colonies pélagiques sont si nombreuses que la surface en est couverte sur une large surface.

Les tuniciers simples ou coloniaux se rapprochent beaucoup des zoophytes par leur vie sociale.

Il est naturel de penser que partout où les individus ou les colonies se fixent à un support, les associations se présentent avec des caractères correspondants à ceux observés dans les acéphales fixes. C'est par l'accumulation sur un point de colonies fixes de coraux et de madrépores que se sont édifiés les récifs de polypiers qui, tant aux époques géologiques antérieures qu'à l'époque actuelle, ont constitué des massifs énormes dans les mers successives. De telles associations sont persistantes, mais avec le caractère d'indifférence entre les colonies voisines, qui ne permet pas de les ranger parmi les associations supérieures. Les colonies se multiplient parce que, sur ce point donné, les conditions sont favorables au développement des œufs fécondés, émis par les individus sexués de la colonie voisine, et il est impossible de trouver un autre lien pouvant expliquer la proximité de polypiers de même espèce, groupés à côté de polypiers d'espèces différentes, dans un massif ainsi constitué.

Dans les Arthropodes, que nous avons réservés dans cette énumération rapide, parce qu'ils forment le passage aux types plus élevés des Invertébrés à associations persistantes, nous retrouvons la même série graduelle de formes sociales déterminées par les mêmes causes et se présentant avec des caractères correspondants.

C'est ainsi que, pendant la phase de larves ou de chenilles, beaucoup d'insectes mènent une vie en commun plus ou moins intime. De même, des arachnides et de nombreux crustacés se trouvent réunis pendant le plus jeune âge. Les chenilles du bombyx processionnaire nous offrent un exemple bien connu.

Le bombyx processionnaire doit cette désignation à certaines habitudes de sa chenille. En effet, les chenilles, qui vivent en société pendant toute leur vie, ne s'enferment que dans de faibles toiles, tant qu'elles sont jeunes, et changent plusieurs fois de domicile, sans quitter pour cela l'arbre où elles sont écloses. Lorsqu'elles veulent procéder à cette opération, une seule chenille sort du nid et ouvre la marche : elle est suivie d'une seconde, puis d'une troisième, ainsi de suite sur une longueur de deux pieds environ. Alors la file se double, les chenilles marchent deux à deux. Après plusieurs rangs de deux viennent des rangs de trois, puis des rangs de 4, 5, 6... 10... et même 20. Tous les mouvements de la conductrice sont immédiatement exécutés par les suivantes, ce qui fait ressembler cette émigration de chenilles à une procession.

Le nouveau nid est vite construit. C'est une vaste poche en bourre de soie, d'un blanc grisâtre, contenant dans son intérieur les chenilles. Lorsque les chenilles se sont transformées, les chrysalides sont pressées côte à côte, comme les cellules d'un gâteau de miel.

Les nids de toutes les chenilles qui compromettent l'existence de nos arbres fruitiers et forestiers sont dans ce cas, et l'hyponomeute du pommier (fig. 15) se signale parmi les plus répandues.

De la même façon, des larves vivant dans le sol ou dans le bois restent dans des rapports plus ou moins étroits.

En général, la métamorphose de l'insecte parfait détruit ces associations passagères.

Dans un autre type d'associations, c'est entre animaux parfaits que se manifeste un groupement plus ou moins durable. Dans ce cas, le besoin de la reproduction entraîne de nombreux individus à former des essaims plus ou moins denses, et ce fait se présente aussi bien pour les êtres aériens que pour les petits crustacés, copépodes et cladocères qui peuplent nos ruisseaux et nos étangs. Les pluies d'éphémères (fig. 16) qui ont été si souvent signalées, les rondes de moucherons que l'on observe au coucher du soleil, les millions de petits crustacés qui encombrent les filets, se rapportent à cette catégorie. L'éclosion simultanée d'individus provenant de masses d'œufs issus de la même mère explique la possibilité de la formation de ces essaims souvent considérables, mais la force de l'union sexuelle leur donne l'impulsion nécessaire pour leur persistance. Il est intéressant de noter que des essaims semblables se montrent chez les abeilles et chez les hyménoptères sociaux précisément au moment de la reproduction.

Des associations fort voisines, par les rapports

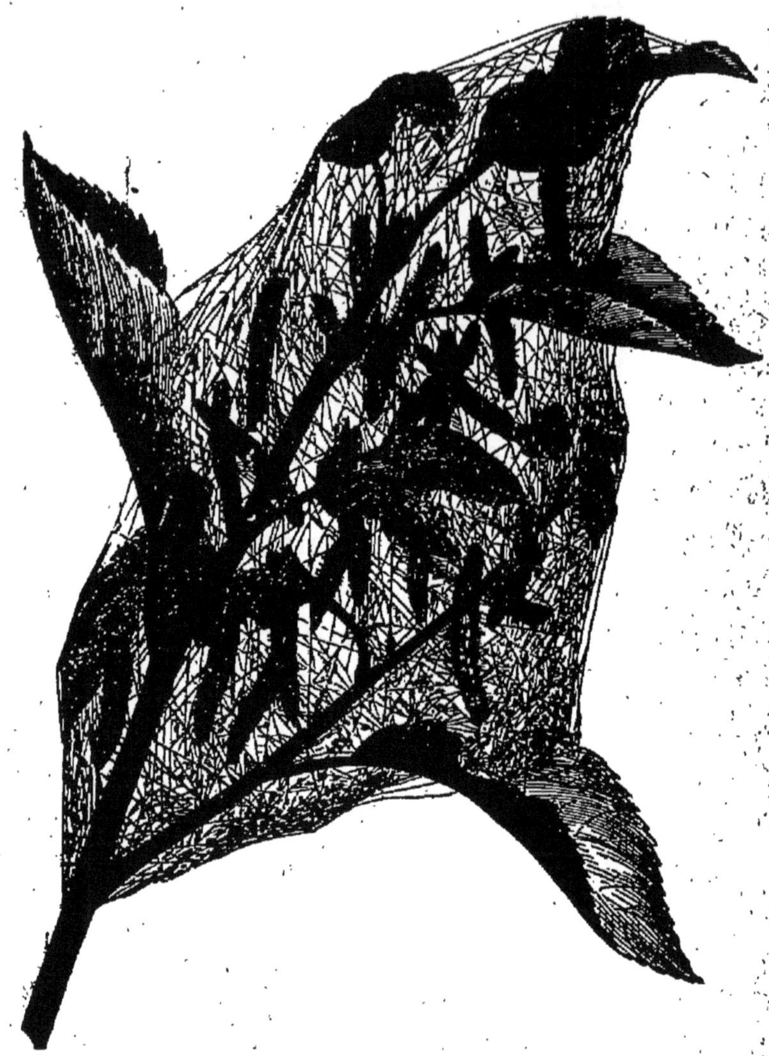

Fig. 15. — L'hyponomeute du pommier.

qui existent entre les membres associés, se manifestent enfin lors de la ponte. Les bandes innombrables de criquets qui compromettent si souvent les récoltes de notre colonie algérienne sont formées par les nécessités de l'alimentation et par la recherche de lieux favorables pour y déposer leurs œufs.

C'est le criquet pèlerin (*Acridium peregrinum*) qui, depuis la dixième plaie d'Égypte, est venu à diverses reprises ravager le nord de l'Afrique et nos possessions de la côte méditerranéenne. Mais ce criquet n'est pas le seul à faire fuir devant ses innombrables bandes nos indigènes, car le *Stauronotus Marocanus* unit ses déprédations à celles de l'espèce précédente. Dans le sud de l'Afrique, les habits rouges (*Pachytulus vastator*), dans la Russie méridionale et la Hongrie le *Pachytulus migratorius*, aux États-Unis les *Caloptenus* rivalisent dans la dévastation générale qui suit la chute des nuages qu'ils forment en s'élevant dans les airs ; une pluie de criquets détruit tout sur son passage.

Les recherches des savants américains, et de J. Künckel d'Herculaïs, sur les invasions de criquets, ont permis de saisir les causes de ces terribles fléaux.

Qu'il s'agisse des États-Unis ou de nos possessions du nord de l'Afrique, il faut admettre que les criquets ont un centre d'habitat où ils se multiplient chaque année d'une façon régulière, une *région permanente* où ils trouvent l'aliment nécessaire pour eux-mêmes et les matériaux utiles pour les larves qui sortiront de leurs pontes. Cette région, formée en Amérique par les hauts plateaux des montagnes Rocheuses, a

Fig. 16. — Les éphémères.

pour centre, en Algérie, les hauts plateaux qui ont une grande analogie avec ces derniers.

Que des conditions encore mal déterminées amènent une multiplication exagérée du nombre des individus et les limites de la région permanente seront franchies et habitées pendant un temps plus ou moins long; il y a donc une *région subpermanente* où les vols d'acridiens arrivent d'une façon fréquente.

C'est au delà que s'étend la *région temporaire*, où les essaims de criquets n'arrivent que rarement, lorsque des conditions exceptionnellement favorables déterminent l'émigration de ces bandes voraces. Dans la région temporaire les criquets arrivent, détruisent et pondent, et les œufs portent en germe les jeunes acridiens qui compléteront l'œuvre de destruction commencée par l'arrivée des essaims. Ceux-ci, quelques jours après l'éclosion se groupent en colonnes et se mettent en marche vers les récoltes qui leur promettent une nourriture abondante. C'est pour arrêter ces bandes envahissantes, plus terribles que les criquets adultes, que l'on s'est ingénié à découvrir des procédés capables de les anéantir. Ils vont ne laissant derrière eux que le sol dépourvu de toute verdure et l'homme les écrase dans ses appareils perfectionnés, mais leur nombre est si grand que beaucoup échappent et deviennent adultes. Heureusement, l'homme est aidé dans sa lutte contre le criquet par les oiseaux, par des muscides et des bombycides, et surtout par des champignons parasites du groupe des *Entomophtora* qui les dévorent et les anéantissent, et ainsi, peu à peu l'équilibre se rétablit et les individus issus des migrations d'acridiens dans la zone temporaire finissent par disparaître.

Le besoin de s'unir pour former une colonie massive plus résistante contre les agents destructeurs, apparaît chez certains insectes hyménoptères et affirme ainsi leurs tendances sociales. Ici il s'agit de préparer les berceaux destinés aux jeunes, et l'on passe d'une association indifférente à une association où chaque membre trouve, dans la proximité de ses voisins, un élément de sécurité.

Dans le genre *Chalicodoma* on suit les étapes successives de ces associations. Ainsi, le *Chalicodoma muraria* n'a nulle tendance à former des colonies. Chaque femelle reste indépendante de ses voisines, défendant sa propriété, *unguibus et rostro*, contre les intrus de son espèce qui cherchent à s'emparer de ses travaux. Elle a sa maison, son territoire, et veille avec un soin jaloux sur ce petit coin de terre qu'elle va quitter, puisqu'elle mourra après la ponte du dernier œuf.

Le chalicodome des hangars, comme l'appelle Fabre (*Ch. rufitarsis*), présente dans ses mœurs une particularité qui nous conduit vers les véritables sociétés familiales.

C'est sous les tuiles des toits que ce chalicodome construit ses cellules. Chaque cellule prise en particulier est analogue à celle de l'espèce précédente, mais chaque édifice appartenant à une femelle est accolé à des édifices voisins et forme avec eux une masse compacte qui peut atteindre six mètres carrés et comprendre des milliers de femelles. Ce sont de vastes rendez-vous d'êtres, poursuivant un même but et trouvant dans cette réunion du moment des conditions favorables de protection pour les cellules, mais, dans ces ensembles, chaque femelle conserve son indépendance absolue, ses berceaux; il n'y a point échange de secours, solidarité, aide et protection entre ces femelles indépendantes. C'est un quelque chose d'analogue aux bandes de poissons se réunissant pour la ponte; la multitude lutte mieux contre les causes de destruction et l'association apparaît entraînant une proximité immédiate entre les êtres réunis qui conservent leur indépendance si on les considère chacun en particulier.

Les femelles disparaîtront après avoir déposé leurs œufs, mais les jeunes chalicodomes qui sortiront au printemps prochain des cellules, resteront attachés à l'habitation des ancêtres. Après l'accouplement, les femelles reviendront au nid commun pour construire leurs cellules, et ainsi la masse ira en s'accroissant, de générations en générations, pour atteindre les proportions gigantesques que j'indiquais tout à l'heure.

Cette tendance à l'association est intéressante à noter, car elle s'affirme ici avec des caractères qu'on ne lui trouve point ailleurs. En effet, la plupart des agglomérations d'insectes auxquelles nous avons fait précédemment allusion, sont de simples bandes sans cohésion véritable. Mais, chez les chalicodomes, intervient une impulsion spéciale, un besoin de se rapprocher pour la construction de leurs villes immenses. C'est un acheminement précis vers une forme supérieure d'associations, les sociétés des abeilles, des guêpes, des fourmis et des termites qui doivent nous occuper maintenant.

CHAPITRE II

LES SOCIÉTÉS DES INSECTES

Quelques considérations générales doivent précéder l'histoire de ces associations supérieures.

La femelle des insectes sociaux a la faculté, grâce à une disposition anatomique particulière, de féconder les œufs ou de les laisser passer non fécondés.

Dans le premier cas, l'œuf fécondé se segmente, se développe, et donne un individu femelle.

Dans le second cas, l'œuf non fécondé évolue de semblable façon, mais donne un individu mâle.

C'est Dzierzon, curé de Carlsmark, en Silésie, qui a, le premier, rappelé et appuyé sur des faits précis, l'affirmation si intéressante d'Aristote que « les abeilles non fécondées mettent au monde des mâles ». Les remarquables travaux de de Siebold ont définitivement acquis à la science les conclusions suivantes : Une abeille femelle peut, sans fécondation préalable, pondre des œufs capables de se développer. Ces œufs donnent toujours des individus mâles.

Cette faculté, que partagent les abeilles avec quelques autres insectes, de pouvoir pondre des œufs qui se développent, dans ces conditions, a reçu de Siebold le nom de *parthénogenèse* (procréation par des vierges), et cette faculté déter-

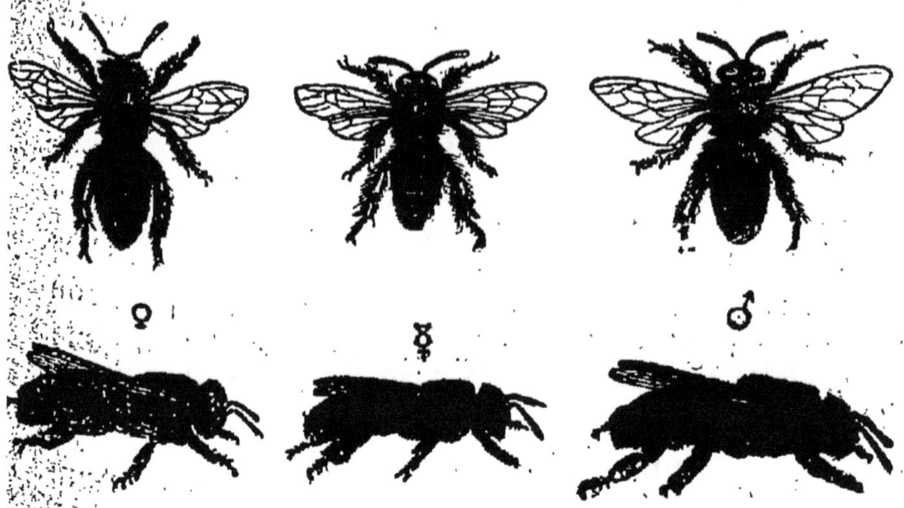

Fig. 17. — L'abeille commune, reine ♀, ouvrière ☿ et mâle ♂.

mine les cas multiples que nous allons décrire dans les associations familiales des insectes.

Un second point fondamental doit être noté : Étant donné un œuf fécondé, se développant pour aboutir à la formation d'un individu femelle, le résultat final variera suivant les conditions particulières de l'alimentation de la larve, pendant son développement.

L'œuf des Hyménoptères sociaux donne une larve qui devient nymphe, d'où sort l'insecte parfait ; la métamorphose est complète.

Pendant ces modifications successives de l'être, si la larve reçoit une nourriture généreuse, abondante, l'individu femelle qui naît est complet, développé dans toutes ses parties, possédant des organes reproducteurs capables de produire des œufs pleins de vitalité, pour la multiplication de l'espèce.

Mais si la larve a reçu une nourriture moins choisie, restreinte dans une mesure donnée, l'individu qui en provient naît dans un état d'imperfection relative. Ses organes reproducteurs sont arrêtés dans leur développement, les grappes ovariennes ne contiennent que des œufs imparfaits, et, si quelques œufs arrivent à maturité, les conditions générales et la disposition des organes copulateurs sont telles que l'accouplement ne peut avoir lieu.

La femelle féconde, développée à son maximum, mérite à tous points, le nom de *mère* (fig. 17 ♀). Un synonyme fréquent est celui de *reine*, qui s'emploie avec le même sens, en indiquant toutefois que la présence de la mère est un stimulant nécessaire pour la direction générale imprimée à l'ensemble.

Les femelles imparfaites, les mulets, comme disait Réaumur, s'opposent aux mères ou reines, sous les noms de *neutres* ou *ouvrières* (fig. 17 ☿).

Une mère fécondée emmagasine la liqueur fécondante mâle dans un réservoir spermatique où elle la conserve active pendant toute la durée de sa vie, car la fécondation n'a lieu qu'une seule fois. La vésicule, à paroi contractile, peut, au passage des œufs dans l'oviducte, par une contraction, déverser une partie du sperme sur les œufs engagés. Dans ce cas, les œufs fécondés donneront des larves qui deviendront, au gré des nourrices, des mères ou des neutres. Si l'œuf n'a pas reçu l'action des spermatozoïdes, la larve qui en sort donne un *mâle* (fig. 17 ♂).

Si un œuf de neutre arrivé à maturité est pondu, il donne, par suite de l'obstacle apporté à la fécondation, une larve qui toujours se développe en un individu mâle.

Ces points particuliers étant précisés, il nous est facile de suivre les complications croissantes des associations familiales considérées chez les Hyménoptères sociaux.

CHAPITRE III

LES GUÊPES ; LE NID ET L'ÉDUCATION DES JEUNES.

C'est chez les guêpes que l'organisation sociale semble se manifester avec la plus grande simplicité.

Au printemps, les femelles fécondées sortent de leurs cachettes. La mère a bravé, dans un coin du vieux nid, dans une fente de muraille ou sous la mousse épaisse, les rigueurs de la saison froide. Elle a vu périr à l'automne les ouvrières, les mâles et beaucoup de femelles. Avec les quelques mères survivantes, elle a passé l'hiver, et le soleil printanier lui apporte les forces pour accomplir son œuvre.

Seule, elle se met en quête d'un lieu favorable pour établir un nid. C'est d'abord une petite excavation creusée dans la terre meuble, en enlevant grain à grain les matériaux. Puis elle part vers les vieux arbres vermoulus et râcle avec ses mandibules les surfaces cent fois mouillées par les intempéries, cent fois desséchées par le soleil ardent ; elle y trouve un bois préparé qui donne avec sa salive, une pâte, qui deviendra en desséchant, un papier épais et coriace. La pâte est

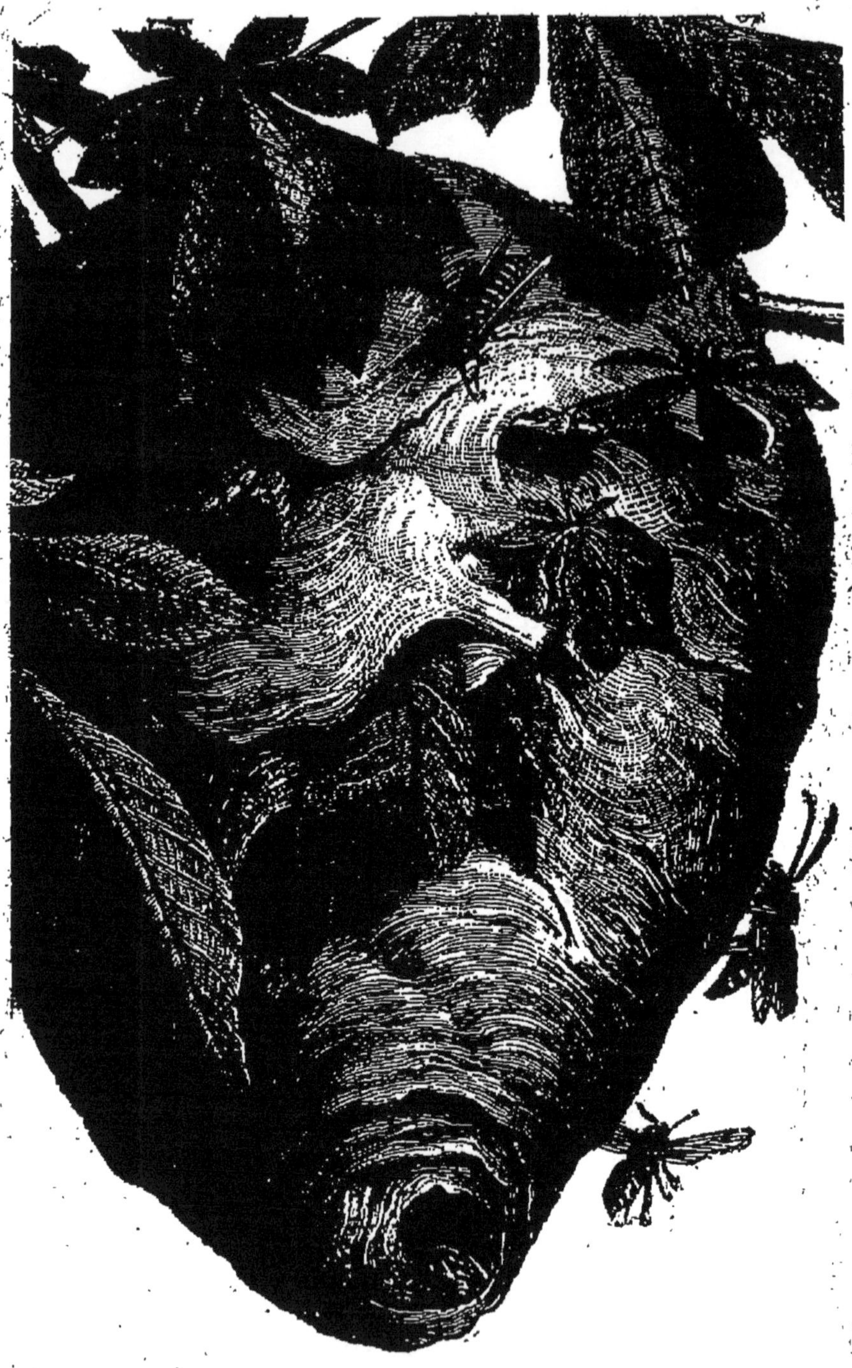

Fig. 18. — Nid de la guêpe sylvestre.

rapportée au nid; elle est étalée en couche fine, et peu à peu, elle s'accroît, limitant une cellule élégante, hexagonale, à faces régulières. Ainsi, la mère dispose, côte à côte, les berceaux de ses enfants et jette les fondements de la cité nouvelle. Chaque cellule reçoit un œuf qui donne bientôt une larve blanchâtre.

C'est pour nourrir ces larves affamées que la mère se met en chasse. Les fruits mûrs, les mouches, des débris de viande enlevés à nos cuisines, sont morceaux de choix qui sont découpés à coups de mandibule et distribués aux larves.

Lorsque le ver a atteint son développement, il ferme sa cellule par un couvercle de soie et se métamorphose en nymphe immobile. Enfin, la nymphe s'ouvre et laisse échapper une guêpe qui soulève le couvercle de la cellule, étale ses ailes et prend son essor vers la prairie voisine.

La mère est dès lors entourée de ses filles, prêtes à l'aider dans ses occupations multiples. Les guêpes filles sont bien différentes de la mère; ce sont des femelles, mais des femelles aux organes reproducteurs atrophiés, des neutres, qui présentent les caractères que nous avons énoncés au début; elles ne sont pas capables de donner des œufs féconds, et dès lors apparaît la division du travail entre les membres de l'association.

La mère ou reine reste la pondeuse, les neutres construisent les cellules et alimentent les larves, étant à la fois ouvrières et nourrices.

Tant que dure la belle saison, la mère pond des œufs qui, fécondés, évoluent pour donner des femelles, mais la nourriture restreinte présentée aux larves en fait des neutres ou ouvrières.

Pour recevoir les œufs, les ouvrières préparent les cellules. Mais il faut des emplacements nouveaux; on déblaie peu à peu la terre pour façonner une cavité spacieuse : bientôt les cellules de papier placées côte à côte forment de vastes gâteaux, et les étages se multiplient et les gâteaux se superposent. Et les œufs, sans cesse pondus, donnent sans cesse des ouvrières nouvelles, en sorte que la mère, qui, au début, avait édifié avec peine quelques chétives cellules, se trouve maintenant à la tête d'une ruche immense où entrent et sortent des milliers de guêpes.

Mais octobre arrive avec ses jours pluvieux et ses premiers froids. Il faut assurer la persistance de l'espèce. Les cellules sont bâties plus spacieuses et les larves sont pourvues d'une nourriture spéciale. Bientôt des guêpes éclosent plus grandes, possédant des ovaires gorgés d'œufs, étant des femelles complètement développées. Des cellules voisines, là où la mère a déposé des œufs n'ayant point reçu l'action de la liqueur fécondante, d'autres guêpes, différentes par leur allure, sortent à leur tour, ce sont les mâles qui vont assurer la fécondation des femelles.

Les jeunes mères volent au dehors, se reposant sur les longues herbes ou sur les branches des arbustes, attendant le passage des mâles. Ceux-ci voltigent, les femelles se mêlent à eux et l'accouplement a lieu dans les airs, en plein soleil. Tout mâle qui a fécondé une femelle laisse en elle son organe copulateur : il tombe sur le sol, ayant terminé son existence éphémère. Les mâles sont plus nombreux que les femelles : ceux qui ont échappé à la mort, n'ayant point accompli leur mission, reviennent au nid avec les femelles et les ouvrières.

Voici l'hiver menaçant, c'est la mort qui va frapper la colonie. Les ouvrières retardataires ont péri sur les derniers fruits de nos vergers pendant les nuits froides ; les femelles cherchent des retraites contre les frimas. On assiste alors au plus inconcevable spectacle qui se puisse concevoir. Une véritable frénésie s'empare de tous ces êtres ; il semble qu'on ne veuille point laisser, voués à une mort lente, les œufs, les larves, les nymphes, qui sont encore dans les cellules. Mâles, femelles, ouvrières, se ruent sur les cellules, les couvercles sont brisés, les larves arrachées à leurs berceaux, et de cruelles morsures les mettent à mort. C'est, comme le dit Réaumur, un massacre général ; rien n'est épargné, la colonie doit finir.

Ce massacre, que signalent les consciencieux observateurs, marque la dissociation finale de l'association. Les derniers mâles et les ouvrières meurent misérablement par les premières gelées blanches, et beaucoup de femelles qui s'aventurent au dehors partagent leur sort. Seules, quelques mères, blotties au fond du nid, enfouies dans la mousse chaude d'un tronc d'arbre pourri, attendent, dans un demi sommeil, le retour du printemps. C'est après ces longs mois d'abstinence et d'immobilité que nous les avons retrouvées, aux premiers rayons du soleil printanier, pondant les œufs fécondés à l'automne précédent et fondant des colonies nouvelles.

Ces descriptions concernent spécialement la guêpe commune (*Vespa vulgaris*), qui nidifie sous terre.

La guêpe sylvestre (*Vespa sylvestris*), au contraire, fait son nid de papier dans les arbres, où il pend, à une branche, comme une grosse sphère grise, se prolongeant en goulot mousse (fig. 18). Ici, les rayons sont protégés par un véritable cornet de papier gris, à orifice étroit, pour le passage des guêpes. C'est à ce genre de construction que se rattachent les nids des frelons (*Vespa crabro*) et des polistes (*Polistes gallica*).

A cette dernière espèce se rapportent les intéressantes expériences de de Siebold, sur la parthénogenèse. Il démontra que si l'on enlève la mère d'un des nids, les ouvrières se mettent à pondre. Or, tous les œufs pondus par ces dernières donnent des mâles, jamais de femelles. Les ouvrières n'ayant pas été fécondées, on peut conclure que l'œuf non fécondé donne un mâle.

CHAPITRE V

LES BOURDONS; CARACTÈRES PARTICULIERS DE LEURS RAPPORTS SOCIAUX.

Les bourdons, si distincts des guêpes par leur épaisse fourrure, leur vol lourd et pesant et leur bourdonnement grave, sont, comme elles, des insectes sociaux. La société est annuelle, comme chez les guêpes, provenant au printemps d'une mère unique et cessant par la mort des associés aux premières gelées de l'hiver. Seules, les femelles fécondées persistent; elles passent l'hiver, assurent la persistance de l'espèce et fondent des colonies nouvelles.

C'est sur les premiers chatons du saule marceau, parmi les narcisses, les primevères et les violettes odorantes que bourdonnent les mères qui ont résisté au rude hiver. Elles cherchent quelques gouttes de miel réparateur, car déjà elles tissent les premiers brins de mousse du nid futur. Un vieux trou de rat fouisseur est tout préparé pour recevoir le nid, et la femelle déblaye le plancher, égalise les parois et apporte la mousse qui, peu à peu, formera un dôme protecteur sur la chambre rustique.

Fig. 19. — Le bourdon terrestre.

La mère commence alors la construction d'une grande cellule de cire, entassant boulettes sur boulettes pour former un petit tas, puis creusant du sommet à la base le monticule, en étirant la cire sur les bords, limitant, en définitive, une coupe dont l'ouverture répond à son abdomen. Elle court aux fleurs, et réunit dans la cellule, une large provision de pollen, puis elle pond un groupe d'œufs transparents. Bientôt, les petites larves éclosent et la mère leur apporte à chaque instant le miel nécessaire à leur développement. Les larves tissent enfin leurs petites coques, qui sont disposées sans ordre dans la cellule; elles deviennent nymphes, et de nouveaux bourdons ne tardent pas éclore (fig. 19).

La mère a dès lors des aides tout dévoués, car ses filles sont des ouvrières et des nourrices qui se chargent des cellules nouvelles et s'occupent de la nourriture des larves.

Le choix du miel, comme aliment préféré, amène chez les bourdons une complication qui ne se trouvait point chez les guêpes. Il faut, en effet, songer à des provisions pouvant être utilisées en temps de disette; le bourdon fait des magasins et établit, à côté des cellules destinées aux larves, des réservoirs pour ses provisions. A cet effet, les ouvrières utilisent les coques, d'où sortent les jeunes bourdons. Elles les égalisent, les protègent par une épaisse couche de cire et les agglutinent l'une contre l'autre comme les cellules d'un gâteau de miel. Ces coques étant cylindriques laissent entre elles, à leur point de contact avec trois coques voisines, des espaces vides. Un bouchon de cire ferme chaque espace à sa partie inférieure et le transforme ainsi en un tube qui est utilisé comme réservoir. Les bourdons, qui reviennent de butiner déversent dans les magasins ainsi préparés le miel qui sert aux divers besoins de la colonie.

Un second point distingue les bourdons des guêpes : c'est le mode d'apparition des femelles et leurs rapports avec la mère initiale.

Chez les guêpes, la mère initiale donne, en automne, des mâles et des femelles; ces dernières ne prennent aucune part à la ponte, étant destinées à donner seulement au printemps, les œufs contenus dans l'ovaire. Chez les bourdons, au contraire, il apparaît une première série de femelles qui, sans être fécondées, pondent les œufs qui donnent des mâles. Les observations de P. Huber sont fort précises à ce sujet. Il y a donc, à un moment donné, deux sortes de mères dans le nid : la mère initiale, qui continue à pondre des œufs d'ouvrières, donnant des œufs de petites femelles, puis des œufs de grandes femelles — et ces petites femelles qui pondent des œufs de mâles.

La reine cède ainsi une partie de ses attributs à ces petites femelles, mais ce n'est point sans une grande jalousie, qui se traduit par des scènes violentes que décrit P. Huber. Ainsi la vieille mère pourchasse les petites femelles qui s'approchent des cellules, et c'est à la dérobée qu'elles parviennent à déposer quelques œufs. Si l'on enlève la reine, on assiste aux scènes de jalousie entre les petites femelles, la plus forte éloignant ses rivales avec rage et se réservant les cellules pour la ponte. Quelques observations de P. Huber portent à croire que, dans la nature, la vieille mère finit par être victime de ces luttes, ce qui assure la ponte d'une ou de plusieurs petites femelles. Les œufs pondus par ces dernières donnent tous des mâles.

Si la reine disparaît, victime de ces luttes incessantes, les derniers œufs pondus sont entourés par les ouvrières de soins spéciaux, les larves sont gorgées de nourriture abondante, et les insectes qui sortent des nymphes sont des femelles développées, de grandes femelles qui vont s'accoupler aussitôt.

L'accouplement a lieu en octobre, et bientôt les bourdons de la colonie meurent un à un; seules, les femelles fécondées persistent, et, blotties dans la mousse, attendent le printemps pour commencer leur nid et pondre leurs premiers œufs.

Dans la société des bourdons, il entre donc quatre formes distinctes de l'espèce : les mâles, les grandes femelles ou reines, les petites femelles et les ouvrières qui ne sont que des femelles atrophiées. C'est un type plus compliqué qui forme le passage vers les sociétés des mélipones et des abeilles.

CHAPITRE VI

LES MÉLIPONES.

Avec les mélipones, nous faisons un grand pas vers les sociétés plus complexes, parce qu'elles sont plus permanentes. En effet, ici intervient la durée de la vie de la reine, qui se prolonge plusieurs années et qui entraîne la persistance de l'association familiale.

Les mélipones sont les abeilles sociales des régions tropicales. Elles représentent au Brésil, au Mexique, aux Antilles nos abeilles indigènes dont nous ferons bientôt l'histoire.

Par l'absence d'aiguillon, ces hyménoptères s'opposent aux guêpes, aux bourdons et aux abeilles de l'ancien monde. Leur dimension moindre, leurs proportions plus exiguës, les rendent facilement reconnaissables et la variabilité de leurs formes est telle que Lepelletier et Smith en ont décrit plus de cinquante espèces.

C'est à M. Drory que nous devons les détails les plus précis sur ces sociétés d'insectes. Cet apiculteur distingué a possédé pendant de nombreuses années, à Bordeaux, des colonies de mélipones, dont M. Brunet, apiculteur bordelais établi au Brésil, lui faisait chaque année des envois. Grâce à cette combinaison, M. Drory a pu observer les mœurs de onze espèces différentes de ces intéressants hyménoptères.

Dans tous les types, le nid comprend deux ordres de cellules. Les unes sont destinées à recevoir les larves, les autres au contraire, plus vastes, se présentent comme des pots à provision ou les travailleurs accumulent le miel.

La *Trigona cilipes* fait le nid le plus simple de la série : « Elles pondent dans des cellules rondes, isolées, reliées seulement à une tige commune, comme les grains d'une grappe de raisin, et cette construction, bizarre et primitive, est entourée de pots à provision. »

Mais ailleurs, les cellules à incubation sont réunies en gâteaux. Chaque gâteau est horizontal et formé par une seule couche de cellules dont les orifices regardent en haut. Les gâteaux sont superposés d'une façon plus ou moins régulière. Un grand sac de cire forme la paroi du nid et c'est sur cette paroi que s'insèrent les gâteaux successifs.

Les cellules, hexagonales au centre, perdent rapidement vers la périphérie cette forme régulière qui caractérise les gâteaux des abeilles ; elles passent insensiblement à des cylindres plus ou moins aplatis qui mettent en évidence le peu de préoccupation qu'ont ces insectes d'économiser l'espace dans le nid. Cette préoccupation si grande chez les abeilles entraînera chez elle des modifications importantes dans la construction des gâteaux. Ceux-ci seront placés parallèlement, dans la position verticale et chaque gâteau comprendra deux couches de cellules hexagonales adossées base à base et portant en divergeant leurs orifices en dehors.

Les pots à provision sont des godets dix fois plus considérables que les cellules à incubation ; ce sont des amphores de cire supportées par de solides colonnettes. Elles ont l'aspect d'un petit œuf d'oiseau, et lorsqu'elles sont pleines, elles sont obturées par un couvercle de cire.

Suivant les espèces, ces pots à provision sont enfermés dans l'enveloppe commune du nid ou placés en dehors de cette enveloppe, dans l'aire du nid. C'est à ce dernier cas que se rapporte le *Mélipone scutellaris.*

Les mélipones établissent leurs nids dans le tronc des arbres ou des rochers ou même comme certaines guêpes, sous la terre.

Ces données montrent que le nid des mélipones est bien supérieur à celui des bourdons, et la construction des réservoirs pour le miel imprime à l'ensemble un caractère distinctif absolu. Mais il y a plus, la colonie des mélipones n'est plus annuelle comme celle des bourdons, elle s'accroît sans cesse et le nid prend ainsi des proportions plus vastes qui conduit aux ruches de nos abeilles domestiques.

Les habitants du nid sont des ouvrières qui vont butiner sur les fleurs où elles récoltent le miel, le pollen et des substances résineuses nécessaires pour servir de ciment. Elles sécrètent la cire par la région dorsale des derniers segments de l'abdomen. Elles partagent leur vie active entre la récolte du miel, les travaux d'intérieur et la préparation des cellules pour les œufs.

Les mélipones n'ont aucune préoccupation de la larve pendant les phases successives de sa métamorphose. L'œuf pondu est placé dans la cellule largement pourvue de pollen et de miel, puis la cellule est fermée par un couvercle bombé au-dessous duquel se fait la transformation de la larve qui, abondamment pourvue de provisions, grossit, se tisse une coque, devient nymphe et donne enfin un insecte parfait.

La jeune mélipone ébrèche le couvercle de sa cellule pour se mêler au flot des ouvrières qui sans cesse entrent dans le nid pour déposer les provisions et préparer les gâteaux.

Les ouvrières ne jouent donc pas à proprement parler le rôle de nourrices; elles préparent le berceau et les provisions nécessaires à la larve, mais l'éducation même de cette larve ne dépend point de leurs soins, c'est une différence essentielle avec les autres hyménoptères sociaux.

Les faits acquis sur la vie sociale des mélipones sont encore peu nombreux. La mère ou reine n'est connue que chez la *Melipone scutellaris* où M. Drory l'a décrite avec des caractères tout à fait spéciaux. La femelle fécondée a un abdomen monstrueux à anneaux distendus, réunis par un tégument mince et blanchâtre. La démarche est lente et gênée, étant donné le poids de ce volumineux réservoir à œufs.

Le nid ne possède qu'une seule femelle fécondée, cependant, à côté de la femelle fécondée, vivent, en bonne harmonie, des femelles vierges, un peu plus petites que les ouvrières.

Les mâles ressemblent beaucoup aux ouvrières, mais on ne connaît pas d'une façon précise comment se fait la fécondation. L'union des sexes amène la fécondation des femelles vierges qui vivent dans la ruche et il semble possible d'admettre que la fécondation détermine le départ d'un essaim. La jeune femelle fécondée entraîne à sa suite un groupe d'ouvrières et va fonder une colonie nouvelle.

Les ouvrières se livrent à tous les travaux d'intérieur. La première précaution lors de l'installation du nid, est la fermeture hermétique de toutes les fentes pouvant livrer passage aux parasites. Le mastic est fait de cire, de substances résineuses ou d'argile. Cette dernière substance est recueillie comme le pollen dans les corbeilles des pattes postérieures. La construction des amphores à miel est un des points les plus intéressants de l'organisation du nid ; c'est là que les chercheurs de miel vont trouver la précieuse substance ; une perforation est pratiquée dans chaque réservoir à l'aide d'une baguette taillée en pointe et le miel s'accumule à la base du nid et s'échappe par une incision que l'on fait en ce point. Le miel des mélipones est recherché pour sa saveur et ses qualités parfaites et pourrait être l'objet d'un commerce qui a fait tenter la domestication des mélipones. Les premiers essais ont montré que ces abeilles américaines sont susceptibles de se plier aux exigences d'installations établies en vue de la récolte raisonnée de leur miel.

L'entrée du nid est un orifice étroit précédé par un entonnoir de cire qui permet aux ouvrières de se reposer lorsque la presse est trop grande et nécessite l'arrêt des nouveaux arrivants. Des sentinelles surveillent les entrées et à la moindre alerte donnent l'alarme. On voit alors les ouvrières s'élancer du nid avec un grand bourdonnement et attaquer courageusement l'assaillant. Comme elles n'ont point de dard, elles usent de leurs mandibules et leurs morsures, surtout dans certaines espèces, provoquent un gonflement persistant et douloureux. Dans leurs luttes avec des abeilles, elles s'attachent à décapiter leur adversaire à coups de mandibules. A la tombée de la nuit, l'orifice d'entrée du nid est fermé avec de la cire.

Les mélipones se comportent en général comme des mouches inoffensives, mais elles savent se défendre contre tous ceux qui veulent leur ravir leurs provisions de miel. On a vu ces abeilles chercher à enlever à des nids voisins le précieux nectar. Dans ce cas, on a assisté à de véritables combats : « Dans un de ces combats, dit M. Brunet, j'ai pu évaluer le nombre des morts à plus de trois mille. » Ce sont là des luttes de colonies contre des colonies qui ne se terminent que par la ruine de la plus faible.

Les mélipones, abeilles des pays tropicaux, forment le lien naturel qui relie les bourdons à nos abeilles indigènes.

CHAPITRE VII

LES ABEILLES

I. L'essaim, sa constitution

Les abeilles se distinguent des mélipones par leur aiguillon et l'appareil producteur de venin qui l'accompagne. Par ce caractère elles se rapprochent des guêpes et des bourdons.

Comme les mélipones, les abeilles essaiment, mais ici c'est la mère qui quitte la ruche, laissant à une des reines filles le soin de donner à la colonie qu'elle abandonne, les ouvrières nécessaires aux travaux et à l'éducation des jeunes.

Prenons un essaim au moment où il s'échappe de la ruche mère pour fonder une nouvelle colonie. Cet essaim comprend la reine ou mère et tout un groupe d'ouvrières qui l'accompagnent pour la protéger et lui fournir les bras nécessaires pour installer et aménager l'endroit choisi pour devenir la ruche nouvelle.

Ce début est bien différent de celui observé dans les sociétés de guêpes ou de bourdons où la mère, après avoir hiverné, réduite à ses propres forces et à sa seule industrie, construit les premières cellules qui donneront les premières ouvrières. Ici la division du travail qui s'affirme chez les mélipones laisse à la mère les seules attributions de pondeuse et les ouvrières qui

Fig. 20. — Abeilles à l'entrée de la ruche.

l'accompagnent se réservent les soins de l'installation de la ruche et de l'élevage des jeunes.

Et, pour ce résultat, il a suffi d'une installation plus confortable de la ruche assurant la chaleur nécessaire pendant l'hiver, chaleur qui met à l'abri des froids rigoureux la reine et les ouvrières, et leur permet d'attendre avec leurs provisions amassées, le retour du soleil printanier et des premières fleurs. En effet, grâce à ces dispositions, les ouvrières persistent pendant l'année entière, étant toujours remplacées lorsqu'elles meurent par des ouvrières nouvelles, formant une chaîne sans fin dont les anneaux sont toujours prêts à se détacher pour servir aux efforts puissants et aux travaux de longue haleine. Ce dernier point est à noter, car le peuple des ouvrières se renouvelle sans cesse. L'introduction dans nos ruches de reines appartenant à des variétés spéciales de l'Autriche et de l'Italie a permis de compter, en tenant compte des dernières éclosions d'abeilles de la variété initiale et leur remplacement par la variété nouvelle, que la vie de l'ouvrière était environ de six semaines. La reine vit pendant quatre ou cinq ans. Elle pond chaque année environ cinquante mille œufs. Ce nombre diminue avec la quatrième année, ce qui fait que, dans les ruches, on remplace la reine avant cette décrépitude finale.

II. L'aménagement de la ruche.

L'essaim groupé autour de sa reine a choisi le tronc d'un arbre, le toit protecteur d'une cabane ou la ruche que lui présentait l'apiculteur. Aussitôt les ouvrières se mettent à l'œuvre, courant aux bourgeons des peupliers, des bouleaux, des saules, des ormes et des sapins du voisinage. Elles en rapportent un mastic tenace, la propolis, et ont bientôt garni les fentes, bouché les orifices, transformé la maison, en rendant la paroi imperméable et continue. Ce premier travail fait, les ouvrières construisent les cellules, car la mère

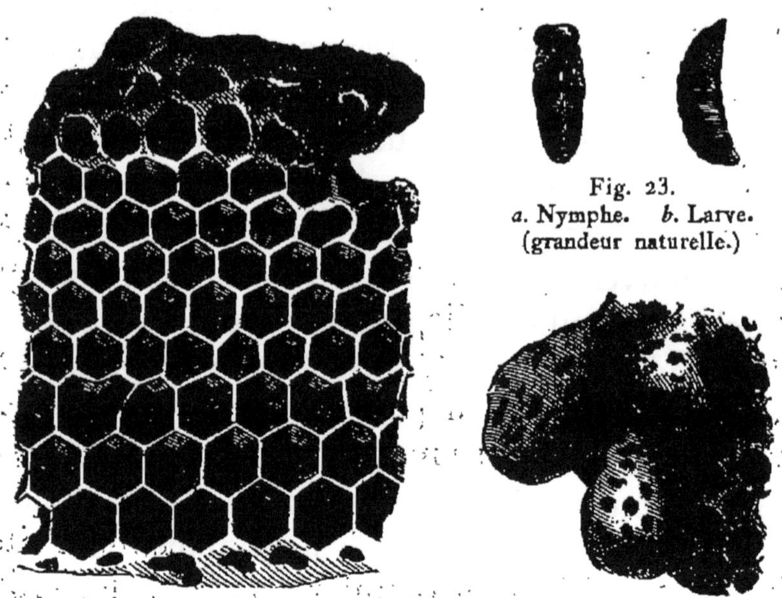

Fig. 23.
a. Nymphe. *b.* Larve.
(grandeur naturelle.)

Fig. 21. — Cellules d'ouvrières.

Fig. 24. — Cellules de reines.

Fig. 22. — Abeille construisant une cellule ; à droite de la figure sont des cellules royales.

veut pondre et il faut des berceaux pour les larves.

Les cellules sont construites avec la cire que

sécrète l'ouvrière et qu'elle dispose avec ses mandibules de façon à limiter un espace dont la coupe est un hexagone régulier (fig. 21 et 22). Ces cellules, légèrement inclinés vers le haut pour s'opposer à la sortie du liquide, s'appliquent exactement par leurs faces les unes contre les autres et se disposent en une couche continue et régulière. Les ouvrières construisent en même temps deux couches semblables de cellules hexagonales, accolées par leur base et disposées de façon que celles d'une couche s'ouvrent à droite, et celles de l'autre couche à gauche. Un pareil ensemble constitue un gâteau. La mère se met aussitôt à pondre dans les cellules.

Bientôt de nouveaux gâteaux descendent du plafond, parallèles au premier gâteau, ne laissant entre eux que l'espace nécessaire pour le passage des abeilles, et ainsi le nombre des cellules va augmentant pour répondre à la fécondité si grande de la mère.

III. La vie dans la ruche.

Cependant, dans les premières cellules, les œufs pondus se développent. Au quatrième jour, une petite larve apode a rompu l'enveloppe et s'agite au fond de sa cellule (fig. 23, *a*). Il faut de l'aliment pour le jeune. Les ouvrières abandonnent la truelle et apportent des provisions. C'est une bouillie formée de miel, de pollen et d'eau, mastiquée, digérée et régurgitée ensuite. Elle est déposée sur la larve, qui la mange avec avidité. La nourriture est de plus en plus consistante; à la fin c'est une pâte, sorte de gelée sucrée, ayant le goût du miel. Au bout de cinq jours, la petite larve est enfermée dans sa cellule par un couvercle de cire. Elle met deux jours pour se tisser une fine coque de soie, se repose deux jours, puis se transforme en nymphe et reste sept à huit jours dans cet état (fig. 23, *b*). Enfin l'éclosion a lieu et la jeune abeille, rompant le couvercle de cire de sa cellule, paraît sur le gâteau, secoue ses ailes humides et tend la langue aux ouvrières qui lui donnent en passant quelques gouttes de miel. La voilà séchée, alerte, mêlée à ses sœurs qui naissent de tous côtés; ce sont de jeunes ouvrières qui vont prendre place parmi les travailleurs de la cité.

Ainsi s'accroît le nombre des ouvrières; pendant quelques jours les jeunes vaquent aux soins intérieurs, recevant le miel nécessaire à leur nourriture, puis, à leur tour, elles prennent leur vol vers la prairie, vers les fleurs gorgées de nectar et de pollen. En quelque vingt jours le nombre des ouvrières est doublé et ce nombre va croissant, car la reine ne cesse de pondre dans les cellules nouvelles.

Les neutres n'accomplissent pas toutes les mêmes travaux, et il semble prouvé qu'il y a parmi elles des catégories bien tranchées, des escouades se livrant à telle ou telle occupation spéciale. Nous devons les passer successivement en revue.

Les ouvrières vraies sont spécialement chargés de l'édification et de l'entretien des gâteaux et des cellules. Les glandes cirières placées sous l'abdomen donnent la matière première nécessaire aux travaux. Ce sont de fines lames qui, détachées avec la patte voisine sont pétries avec la salive sous les mandibules. Ces boulettes ainsi façonnées, accumulées une à une, forment les monticules dans lesquels sont creusées les cellules hexagonales, les berceaux des mâles et des reines.

Les butineuses vont aux provisions. Le pollen, le miel, la propolis et l'eau sont les substances nécessaires qu'elles recueillent au dehors. Le pollen enlevé par les pattes antérieures est poussé dans les corbeilles des pattes postérieures; le nectar des fleurs, léché par la langue qui fait trompe, s'accumule dans le jabot où il s'élabore. La butineuse revient ainsi à la ruche; aidée par ses sœurs, elle vide ses corbeilles et dégorge dans la cellule le miel préparé. Ainsi, les cellules à provision, comparables aux amphores des mélipones, s'emplissent peu à peu, et lorsqu'elles sont garnies, elles sont fermées par un couvercle de cire.

Les éleveuses ou nourrices ne sortent pas de la ruche; elles restent en masses pressées sur les cellules garnies de couvain et entretiennent ainsi une température constante autour des larves. Elles vont aux rayons où sont accumulées les provisions de miel et de pollen. L'alimentation de la larve est d'abord un miel dilué, puis du miel et une bouillie de pollen et de miel. Quant la larve est arrivée au terme de sa croissance, c'est l'éleveuse qui ferme la cellule par un couvercle de cire. Lors de l'éclosion, les nourrices aident la jeune abeille à briser la paroi de cire qui l'enferme, elles la lèchent, la réchauffent, lui présentent le miel qui donne des forces.

D'autres neutres sont spécialement attachées à l'aération de la ruche, à la surveillance de la porte, à la garde de la reine.

Les premières se cramponnent sur divers points et, la tête tournée en avant, agitent leurs ailes avec rapidité, imprimant un courant d'air qui va de l'extérieur vers les gâteaux. Les secondes sont des sentinelles vigilantes qui se tiennent à l'entrée de la ruche et y font bonne garde. Tout intrus est repoussé, et s'il résiste il est attaqué, poursuivi, percé à coups d'aiguillon. Les dernières entourent la reine et la protègent, s'opposant au choc des éleveuses ou des ouvrières qui parcourent la ruche en tous sens.

Ces catégories de fonctions ont-elles pour les remplir des catégories distinctes d'abeilles spécialement adaptées à chacune d'elles? Les observations faites permettent de penser que les ouvrières jeunes se partagent les travaux de l'intérieur, la garde de la ruche et l'éducation des larves. Lorsque l'abeille a pris les forces nécessaires, elle abandonne la ruche et devient butineuse. Cependant, il faut reconnaître que la spécialisation des fonctions est possible dans une certaine mesure.

Quand la ruche est largement pourvue d'ouvrières, on commence à emmagasiner des provisions, et les cellules, au lieu de recevoir toutes des œufs, deviennent, sur certains gâteaux, réservoirs de miel ou de pollen. C'est la becquée assurée aux jeunes larves pour les jours sombres et pluvieux où les fleurs n'épanouissent point leurs corolles, où les abeilles n'osent entreprendre leurs courses lointaines. Dès lors la ruche a un peuple nombreux, des greniers abondamment pourvus de provisions de toutes sortes. C'est que l'hiver approche et il faudra du miel et du pollen pendant les longs mois de repos pour entretenir la vie et la chaleur parmi les habitants de la ruche.

Pendant les onze premiers mois de sa vie, la reine ne pond que des œufs d'ouvrières, en sorte que l'hiver surprend la colonie n'ayant que des ouvrières et la mère qui les a produites.

Dès que le froid arrive, les abeilles se resserrent en pelotes pour lutter, par leur propre chaleur, contre l'abaissement de la température et les expériences de Dubost montrent que, même par les plus grands froids, le thermomètre placé parmi le groupe des abeilles marque + 20 à 25 degrés. Ainsi se passe l'hiver ; les abeilles, grâce à cette température printanière, conservent leurs mouvements et visitent fréquemment les provisions de miel où elles puisent les aliments qui entretiennent la combustion et la vie.

IV. Les mâles, leurs caractères distinctifs.

Dès que la température extérieure s'élève, que le soleil échauffe la porte de la ruche, les ouvrières les plus proches lissent leur ailes, sortent de l'habitation, rejettent leurs excréments accumulés pendant l'hiver dans leur tube digestif et prennent leur vol vers les premiers bourgeons ouverts, vers les premières fleurs épanouies. Bientôt l'activité est à son comble, le travail a repris partout, les cellules anciennes sont réparées, de nouvelles s'élèvent de toutes parts et la mère pond des œufs qui donneront les ouvrières nouvelles pour remplacer celles qui ont disparu ou qui tombent chaque jour par les causes multiples de destruction qui les assaillent. La société a repris son aspect d'automne, mais cette fois la ruche est trop petite pour le peuple; il faut songer à préparer des colonies nouvelles, des essaims, qui assureront la multiplication des ruches. C'est à ce moment que ce besoin donne à la reine une impulsion à pondre des œufs non fécondés qui se développeront en mâles, et les ouvrières, qui prévoient des changements futurs, adoptent des combinaisons nouvelles dans la constitution des cellules.

Ici des cellules hexagonales plus grandes, plus spacieuses, sont construites côte à côte, se reliant par des cellules intermédiaires aux cellules où les larves d'ouvrières suivent leurs métamorphoses successives. Ces cellules plus grandes reçoivent des œufs comme les précédentes : ces œufs donnent des larves qui deviennent nymphes dans un cocon de soie, mais ce n'est que le vingt-quatrième jour que l'abeille brise le couvercle de cire. Cette abeille n'est pas une ouvrière. Elle est plus grosse, avec une tête bombée et circulaire; l'abdomen, sans aiguillon, est recouvert par des ailes plus longues et une dissection minutieuse met en relief la disposition d'organes reproducteurs destinés à la sécrétion spermatique. L'abeille ainsi conformée est un mâle ou faux bourdon.

Les faux bourdons naissent d'avril à juillet; ils attendent dans la ruche le moment où leur intervention sera nécessaire pour la fécondation, c'est-à-dire la naissance des femelles fécondes. Pendant ce temps ils vivent grassement, puisant aux provisions de miel, venant prendre un rayon de soleil sur le devant de la ruche, se prélassant en grands seigneurs, tandis que le peuple des ouvrières bâtit les cellules, emmagasine le miel, et nourrit les larves toujours avides de la bouillie que préparent les éleveuses. C'est par milliers que les mâles éclosent et leur appétit formidable vient à bout des provisions entassées, aussi voit-on de temps en temps les ouvrières chasser de la ruche ces volumineux parasites, mais cela seulement quand les provisions font défaut, car le peuple abeille respecte les mâles, nécessaires aux fécondations prochaines.

V. Les reines futures.

En effet, déjà les ouvrières accumulent la cire pour former de grands godets à parois épaisses, qui bientôt font saillie sur le gâteau, se prolongeant en un large goulot. Ces cellules énormes seront les berceaux des reines (fig. 24). Un œuf est pondu dans chacune d'elles et il évolue avec une grande rapidité; la larve fait son cocon au bout de cinq jours et dix jours après, la jeune

Fig. 25. — Essaimement des abeilles.

reine est prête à briser sa nymphe, faisant entendre son *couac-couac* si caractéristique.

L'œuf d'une reine est de même dimension qu'un œuf d'ouvrière, ce qui semble influencer le développement des organes reproducteurs dans le premier cas et leur atrophie dans le second, c'est l'espace donné à la larve, mais surtout la pâtée spéciale dont elle est nourrie.

La bouillie royale semble différer du mélange de miel et de pollen destiné aux autres larves. Il y entre, dit-on, des œufs mangés par les ouvrières et mêlés dans l'estomac à la gelée royale. Quoi qu'il en soit, la ration est large, abondante et la larve de reine trouve dans cet excès les conditions favorables au développement normal. Car les ouvrières sont des mulets voulus, des êtres privés, pendant leur développement, de la nourriture nécessaire à l'épanouissement des organes reproducteurs.

Les jeunes reines, qui grandissent dans leurs berceaux privilégiés, impriment à la société une préoccupation générale qui se traduit par une surexcitation croissante du côté des ouvrières et par une inquiétude manifeste dans les allures de la reine mère; on sent qu'il va se passer quelque chose qui doit modifier profondément la société.

En effet, chez les abeilles, deux femelles ne peuvent à la fois s'occuper de la ponte dans une même ruche. Il ne peut y avoir qu'une seule mère, car elle ne supporte point de rivales et les ouvrières ne tolèrent point deux reines dans la ruche.

Comment va se résoudre le problème posé en ce moment par la naissance prochaine des jeunes mères?

Dans un premier cas, la ruche est en pleine prospérité, et le nombre des ouvrières est tel qu'elles se trouvent à l'étroit dans l'habitation présente. La reine mère qui sent grandir ses filles prend une résolution grave. Elle quittera la ruche qu'elle a fondée, elle laissera à sa fille les ouvrières nécessaires au bon fonctionnement de l'ensemble et elle partira à la tête des autres ouvrières, dirigeant l'essaim vers une installation nouvelle. Cette résolution prise, elle parcourt la ruche, en proie à une agitation extrême, laissant tomber sans soins les œufs qu'elle déposait avec tant de sollicitude dans les cellules, et les ouvrières la suivant, forment des groupes serrés, se massant vers l'orifice de la ruche. C'est une armée qui se prépare à une expédition lointaine. Déjà quelques éclaireurs sont sortis; le soleil est dans son plein, et l'essaim s'échappe de la ruche, tournoie dans les airs et s'abat vers un arbre, vers une masure pour se suspendre en grappe épaisse. C'est là que l'apiculteur viendra présenter une ruche renversée où l'essaim tombera et s'installera comme nous l'avons décrit (fig. 25).

VI. Éclosion et fécondation d'une reine.

Dans la ruche privée de sa reine, une jeune mère a brisé le couvercle de son berceau. La voilà entourée par les ouvrières qui sont demeurées pour construire de nouvelles cellules et alimenter les larves; elle porte en elle le germe des générations futures et elle est déjà vénérée comme la mère de la colonie. Cependant, elle n'est point fécondée encore et les nombreux mâles aspirent chacun à devenir le mari de la reine.

C'est par une belle journée, pleine de soleil et de chaleur, que la jeune reine quitte la ruche, voletant sur les fleurs voisines, puis s'élevant dans les airs, suivie par la cohorte serrée des mâles qui tourbillonnent autour d'elle. L'un d'eux a saisi la femelle et projeté son pénis dans l'orifice sexuel de la jeune mère. Il a l'insigne honneur de féconder la reine, mais déjà il tombe foudroyé : il a payé de sa vie l'émission de la liqueur fécondante et la reine revient à la ruche, ayant encore engagés dans l'orifice sexuel le pénis et le spermatophore. La constatation faite par les ouvrières de cet heureux résultat donne au peuple une effervescence de joie!

Pour la fécondation, il naît plusieurs milliers de mâles. Pourquoi ce luxe d'existences inutiles puisqu'un seul est appelé à féconder la reine? La seule explication plausible est la suivante : plus le nombre des mâles est grand, plus la femelle qui s'élève avec leur tourbillon dans les airs a de chance d'échapper aux becs des oiseaux ou aux mandibules des insectes mangeurs d'abeilles. Les mâles payent le tribut aux animaux ravisseurs et la mère échappe, protégée par ce nuage de mâles, qui ont ainsi une utilité réelle en entourant la reine féconde et en assurant la multiplication de l'espèce.

Mais les mâles reviennent à la ruche; paresseux et indolents, ils comptent demander aux laborieuses ouvrières le miel nécessaire à leur vie d'oisiveté et de repos. Si la ruche est riche, bien approvisionnée, on semble ne point s'inquiéter de ces bouches inutiles, surtout si des reines nouvelles doivent naître à leur tour, on les tolère sans les inquiéter et les repousser. Mais si le miel vient à manquer, si les cellules à provision se vident, alors les ouvrières s'acharnent sur ce troupeau désœuvré; on chasse les mâles hors de la ruche, on les poursuit et souvent on les frappe à coups d'aiguillon. Ces tueries sont fréquentes, car l'abeille n'admet dans sa ruche que les travailleurs et les producteurs, mais ces derniers ne sont utiles que pour un temps, et lorsqu'ils ont accompli leur mission, on les massacre; terrible récompense!

La ruche abandonnée par la reine mère, a maintenant sa reine fécondée qui déjà remplit les cellules de ses œufs et prépare des générations d'ouvrières, qui combleront les vides produits par le départ de l'essaim.

La ruche n'est pas toujours capable de donner un essaim; dans ce cas, la reine mère n'abandonne pas ses ouvrières et il ne peut être question de l'adoption d'une nouvelle mère. Lorsqu'une telle résolution est prise, le sacrifice des jeunes mères est obligatoire. Si leur développement n'est pas achevé, la reine mère ouvre elle-même les cellules de ses filles et transperce avec son dard les nymphes prêtes à éclore. Si l'éclosion a eu lieu, les ouvrières se pressent autour de la jeune mère, l'assaillent et la tuent sous leurs coups d'aiguillon, ou bien la reine mère aborde sa rivale, la maîtrise, et, la saisissant par les ailes, la transperce d'un coup de son dard acéré. Quel que soit le mode de destruction, il ne reste dans la ruche que la reine primitive qui continue sa mission de pondeuse, attendant des conditions plus favorables pour mener ailleurs un essaim et laisser place pour une nouvelle reine.

VII. Les reines de sauveté.

Cette destruction des femelles fécondes nous amène à toucher une question qui n'a pas un moindre intérêt. Supposons, en effet, ce qui est possible, que la reine mère vienne à mourir avant d'avoir assuré le développement d'une reine future. Les gâteaux n'ont que des cellules d'ouvrières et de mâles, et soudain, la mère disparaît. La ruche, sans reine, est vouée à une destruction rapide; quelle résolution prennent les ouvrières? Elles font une nouvelle reine, une *reine de sauveté*, comme disent les apiculteurs; voici par quel procédé. Elles choisissent une cellule où l'œuf vient à peine de donner la larve, et détruisent plusieurs cellules voisines, arrachant les larves ou les nymphes pour former un large espace qui devient la cellule de la larve privilégiée ainsi choisie. Des murs de cire complètent le berceau royal improvisé et l'on fait, à la hâte, la gelée spéciale destinée aux larves de reine. Ainsi approvisionnée, placée dans une cellule vaste et profonde, la larve évolue dans les conditions normales et, au lieu de donner une abeille atrophiée, elle se développe en une reine se comportant comme les reines ayant suivi, dans leurs cellules royales bien préparées, les phases successives de leur métamorphose. Ce fait démontre que les ouvrières peuvent, à leur gré, restreindre ou activer le développement des ovaires de la femelle, faire à leur gré des ouvrières ou des reines.

VIII. L'essaimage. Conclusions.

Le départ de la reine mère avec un premier essaim a laissé la première jeune mère éclose maîtresse de la ruche, mais, dans les cellules royales voisines, d'autres mères sont prêtes à briser le couvercle de leurs berceaux. Dans ce cas, si la ruche est populeuse, la première jeune mère se met à la tête d'un nouvel essaim et laisse à celle qui va éclore la possession de la ruche, et ainsi de suite, tant que la ruche peut fournir des essaims successifs.

Mais si la ruche ne peut fournir à ces dépopulations continues, il faut en finir avec les reines à venir qui jetteraient le trouble dans l'association et, comme précédemment, l'aiguillon de la mère ou des ouvrières sacrifie les jeunes mères enfermées encore dans leurs nymphes ou s'échappant du berceau.

Ainsi, étant donnée une société d'abeilles, établie dans une ruche, si les conditions sont favorables, si la population se développe de façon à fournir chaque année un essaim, la ruche changera chaque année de mère, formant une souche, d'où les mères successives partent, pour former au dehors des colonies plus ou moins populeuses.

Une des différences essentielles, avec les sociétés d'Hyménoptères étudiées précédemment, c'est le caractère particulier de la mère unique, présidant à la ponte des ouvrières, des mâles et des reines futures, ne supportant point, à côté d'elle, une reine nouvelle, et anéantissant ses rivales jusque dans leur berceau. Il est une relation avec les associations étudiées qui doit fixer l'attention : c'est l'apparition d'ouvrières impropres à l'accouplement et cependant capables de pondre. Les œufs donnent toujours, dans ce cas, des abeilles mâles. Ces petites femelles correspondent à celles qui se montrent chaque année, dans la colonie des bourdons où elles semblent réservées à la ponte des œufs de mâles. Ce fait nous porte à nous demander si les colonies d'abeilles domestiques que nous observons, n'ont point été modifiées par l'intervention humaine qui a créé pour elle des conditions si favorables à leur développement. L'étude des immenses nids d'abeilles sauvages est encore à faire, et nous nous bornons à enregistrer ici les observations acquises sur ces industrieux insectes.

CHAPITRE VI

LES FOURMIS.

I. L'intelligence de la fourmi.

« La fourmi, si l'on veut, dit Forel, est aux autres insectes ce que l'homme est aux autres mammifères. » L'étude des sociétés de fourmis a présenté aux observateurs des particularités si curieuses, qu'on peut les considérer comme occupant la place la plus élevée parmi les sociétés d'Hyménoptères. C'est à ce groupe d'insectes que se rapportent les fourmis, et l'absence d'ailes, facile à constater sur les individus formant la société, n'est point opposée à cette assimilation, car, à un moment donné, les individus sexués portent des ailes et se rapprochent ainsi des guêpes et des abeilles. Ces ailes éphémères sont destinées à disparaître après la fécondation, et, dès lors, la société s'affirme comme formée d'individus destinés à ramper sur le sol, n'ayant pas la possibilité de s'élever dans l'air.

C'est, sans nul doute, à ces rapports constants avec le sol qu'est dû le développement intellectuel si marqué de ces insectes terrestres, forcés de chercher les aliments, au mépris des obstacles accumulés devant eux. L'abeille fend l'air de son aile rapide, et se pose sur les fleurs gorgées de miel. Pour arriver à la possession du précieux nectar, la fourmi doit faire de longues routes, sur un sol dur, semé de monticules et de fossés sans nombre; la demeure est attachée à la glèbe, en butte à toutes les attaques et à toutes les intempéries. De cette lutte constante contre le milieu extérieur est sortie la surexcitation cérébrale, les mille inventions et les mille moyens destinés à compenser les difficultés de la vie quotidienne qui mettent les sociétés de fourmis parmi les plus parfaites de tout le règne animal.

Ces conditions nous imposent de leur consacrer des détails plus étendus.

La fourmi, considérée en elle-même, se présente comme un être doué d'une intelligence fort vive.

Son cerveau si développé la place au-dessus de tous les autres insectes et les manifestations intellectuelles permettent de la considérer comme supérieure à la plupart des mammifères que nous avons étudiés. La solidarité, l'entente, pour un travail commun, s'esquissent à peine dans les singes les plus élevés; ici nous voyons apparaître, parmi ces minuscules travailleurs, un esprit d'ordre qui assure la réussite des entreprises nombreuses auxquelles ils se livrent. Est-ce à dire qu'il faille les placer immédiatement après l'homme? En tous cas, il faut leur accorder une puissance intellectuelle donnée qui peut seule expliquer les faits de sa vie privé et publique, sur lesquelles nous insisterons bientôt.

Bien douée au point de vue de l'adresse, munie de longues pattes robustes, animée par des muscles puissants, armée de la tenaille denticulée de ses mandibules, défendue par un appareil vénéfique largement pourvu de poison, elle affronte la lutte pour l'existence avec toute l'ardeur de l'ouvrier bien outillé et confiant dans sa force. Et puis, elle n'a pas à se préoccuper des choses de l'amour qui amollissent et fatiguent. Née avec des organes reproducteurs atrophiés, elle s'adonne aux soins de la progéniture qu'accumule la mère pondeuse, consacrant tous ses instants à la construction du nid et à l'élevage des jeunes.

L'intelligence si vive « s'appuie sur des sensations fournies par des organes plus ou moins délicats et totalement différents des nôtres. C'est ce que nous montre en particulier l'étude de la vue. Les ocelles sont d'une utilité à peu près nulle, et en tout cas ne permettent à l'animal que des perceptions très faibles dont il ne sait pas se servir. L'organe essentiel de la vision pour l'insecte est donc l'œil composé, et pourtant l'examen des travaux anatomiques récents conduit à la conclusion théorique qu'il ne peut donner une sensation nette de la forme des objets. Cette opinion, appuyée d'ailleurs sur de nombreuses expériences comparatives faites par M. Plateau, se trouve confirmée par toutes les allures des fourmis, et le docteur Forel cite des circonstances où une espèce lignicole, le *Lasius fuliginosus*, commit une grossière erreur d'optique et le prit pour un arbre. En réalité, ce manque de netteté dans la perception visuelle est plus ou moins accentué : la vue est plus ou moins bonne.

» S'il y a des fourmis aveugles, la *Formica rufa*, par exemple, paraît fort bien douée, et l'on ne peut s'approcher de ses dômes sans qu'il se manifeste une vive effervescence parmi les ouvrières répandues à la surface ; lorsqu'on agite un objet à un mètre de hauteur au-dessus de leur nid, elle s'aperçoivent de sa présence et lancent en l'air leur venin. On peut les provoquer ainsi même à travers un verre, ce qui prouve bien que c'est ici la vue seule qui les guide. (Forel.) — Une autre question, relative à la physiologie de l'œil, est celle de la perception des couleurs. Sir John Lubbock a effectué, à ce sujet un grand nombre d'expériences dont les résultats semblent concluants, bien qu'en contradiction avec les idées de Paul Bert. Il a prouvé que non seulement les fourmis savent distinguer les couleurs visibles pour nous et parmi lesquelles le violet les influence surtout, mais encore qu'elles perçoivent les rayons ultra-violets. « Or, ajoute Lubbock, comme chacun des rayons qui composent la lumière homogène nous présente, lorsque nous pouvons le percevoir, une couleur particulière, il est probable que ces rayons ultra-violets produisent sur les fourmis la sensation d'une couleur distincte dont nous ne pouvons nous faire d'idée, couleur aussi différente des autres que le rouge du jaune ou le vert du violet. On peut aussi se demander si la lumière blanche de ces insectes diffère de la nôtre, puisqu'elle contient une couleur en plus. Comme les couleurs naturelles ne sont presque jamais pures, mais se composent d'un mélange de rayons de diverses longueurs d'onde et qu'alors la résultante visible provient non seulement des rayons auxquels nous sommes sensibles, mais aussi de ceux de l'ultra-violet, il est probable que la couleur des objets et l'aspect général de la nature doivent être tout autres pour les fourmis que pour nous. »

» Huber et Forel refusent aux fourmis le sens de l'ouïe. Malgré ses efforts, Lubbock n'a pu se faire entendre d'elles ni réussir à découvrir si elles émettaient des sons perceptibles pour elles seules. D'autre part, on a décrit (Braxton-Hicks, Forel, Lubbock) des organes antennaux qui pourraient être auditifs, et Lubbock a retrouvé chez le *Lasius fuliginosus* un appareil qui avait été signalé par divers observateurs dans les pattes de quelques orthoptères et auquel on attribue le même rôle. Enfin certaines espèces (*Ponera, Lasius fuliginosus, flavus*), seraient pourvues d'un organe de stridulation analogue à celui des Mutilles et capable d'émettre des sons inappréciables à notre oreille, même aidée du microphone. Dès lors, il faudrait bien accorder aux fourmis le moyen de les percevoir, car il nous serait difficile de comprendre, comme le fait remarquer M. André, que tout le monde fût musicien dans un pays de sourds. Il y a en somme beaucoup de probabilité en faveur de l'existence de l'ouïe et il m'a semblé constater un fait en accord avec cette opinion. Une fourmilière artificielle de *F. rufo-pratensis* reposait sur un bassin de zinc par quatre pieds en bois ; ayant frappé légèrement avec un morceau de métal le bord du bassin, je vis aussitôt les ouvrières qui couraient à la surface d'une plate-forme surmontant la boîte vitrée, s'arrêter net et dresser les antennes. Le même fait se reproduisit plusieurs fois. Malheureusement tant de causes imprévues peuvent influencer les résultats de ces observations, que je n'ose en faire grand cas.

» L'existence de l'odorat n'est ni contestable ni contesté, et c'est même là le sens le plus développé des fourmis. Avec le toucher il joue un rôle prépondérant dans leurs actes et supplée à la vue chez les espèces aveugles ou qui travaillent dans l'obscurité. Passez le doigt sur la piste que suivent sur les arbres les longues files du *Lasius fuliginosus*, et vous verrez la circulation interrompue ; les travailleuses s'arrêteront hésitantes près de la trace invisible ; quelques-unes, comme suffoquées, se laisseront tomber à terre et l'ordre mettra un certain temps à se rétablir. Ainsi que le démontre une expérience bien simple de Lubbock, ce sens a son siège dans les antennes ; les fourmis privées de ces importants appendices sont incapables de découvrir du miel placé même à côté d'elles.

» Le toucher et le goût existent évidemment aussi chez les fourmis. Le premier est réparti sur tout le corps, et principalement dans les antennes, comme le prouvent les allures de ces insectes. Le goût doit être localisé dans la bouche et les parties voisines, spécialement la langue, qui porterait des papilles gustatives. (Meinert, Forel.)

» La fourmi possède-t-elle un sens particulier de la direction, comme, peut-être, le pigeon voyageur parmi les vertébrés, la chalicodome parmi les insectes? Il est probable que non : la vue, l'odorat et le toucher lui suffisent pour se conduire. La vue est surtout utile quand une source lumineuse peut servir de point de repère, car nous savons que les yeux composés ne donnent pas une perception nette de la forme des objets; cependant les expériences de Fabre prouvent que le *Polyergus rufescens* ne se sert guère que de ce sens pour se diriger dans ses expéditions. Quant à l'odorat, c'est lui qui, dans la plupart des autres espèces, paraît jouer le rôle prépondérant. —Ce sixième sens, que certains auteurs voulaient créer pour la direction, ce sixième sens ne pourrait-il pas être invoqué pour expliquer d'autres faits réellement étranges que nous observons journellement et qui sont nécessaires pour rendre compte des relations amicales ou hostiles des différentes fourmilières ? »

Cette esquisse, que nous empruntons au travail de Bruyant, donne d'une façon exacte le résumé des connaissances acquises sur la fourmi considérée dans ses manifestations individuelles; nous pouvons, dès lors, la suivre dans ses rapports sociaux avec les individus de son espèce.

II. Le nid, sa construction, ses formes diverses.

La base même de la société est le nid. Il faut une ville pour abriter les ouvriers, des dortoirs pour les jeunes, des greniers pour les provisions, des étables pour les bestiaux, et c'est pour répondre à ces besoins divers que les différentes espèces multiplient les formes de leurs curieuses cités. Il est difficile de classer les édifices, car ils offrent un grand nombre de types secondaires; cependant, en tenant compte de la nature des matériaux employés, du support choisi, de la forme de l'ensemble, on peut grouper ces constructions sous des chefs divers, en allant des plus simples aux plus complexes.

1. Les nids les plus simples sont ceux qui sont établis dans les fentes naturelles des rochers, des murailles, dans les interstices laissés entre deux pierres ou même entre le sol et la pierre couchée à sa surface. Les fourmis se glissent sous ce toit naturel et se contentent d'aménager les anfractuosités des surfaces en chambres et en galeries. Le *Leptothorax unifasciatus*, petite fourmi jaune, utilise de cette façon ces abris naturels et en retournant les pierres nous découvrons leurs cachettes, leurs nymphes et jetons la terreur dans ces cités paisibles.

2. D'autres fourmis creusent des galeries dans le support choisi pour devenir l'habitation, qu'il s'agisse du sol meuble ou du bois. Dans le premier cas, ce sont de véritables mines qui s'enfon-

cent profondément dans le sol; dans le second, les galeries sculptées découpent les troncs d'arbres et les criblent de perforations multiples (fig. 26).

Les nids simplement minés sous le sol nous

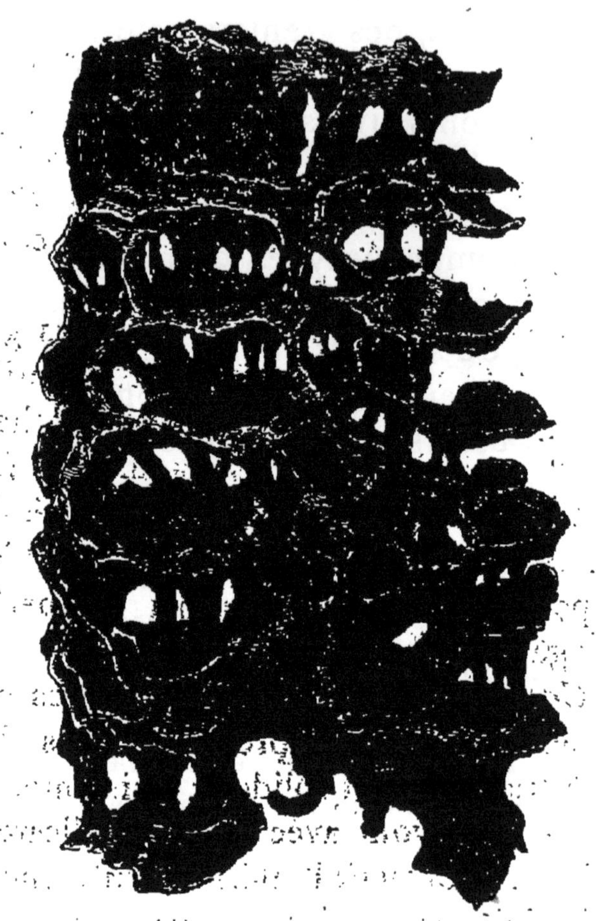

Fig. 26. — Fragment d'un nid construit par le *Lasius fuliginosus*.

sont offerts par les *Solenopsis* et les *Tetramorium* ; dans ce cas les orifices seuls indiquent la présence d'une fourmilière, et souvent même cet orifice est relié à la fourmilière par une longue galerie étroite qui s'oppose aux surprises d'ennemis venant du dehors. C'est à un même besoin de protection qu'obéissent les *Aphænogaster*, qui amassent à l'entrée des orifices les matériaux provenant des galeries. Ils constituent ainsi des petits cônes ou cratères qui prolongent les galeries et forment un talus rapide qu'il faut gravir. On ne peut pas voir dans ces cônes de véritables constructions ayant pour but d'augmenter l'étendue de la fourmilière; ce sont de simples annexes qui protègent l'entrée de la mine comme les pavillons et les hangars que nous construisons au-dessus de nos puits.

De ces orifices extérieurs partent les galeries s'évasant en chambres spacieuses, tout entières limitées par de la terre comprimée en couche dense et compacte. A l'aide de ses mandibules fermées formant truelle, l'ouvrière racle le sol, émiette la terre et emporte les matériaux ainsi débités. C'est grain par grain que le tunnel est perforé et devient galerie ou chambre.

Les *Camponotus* s'installent dans les souches qui restent dans le sol après les coupes. La substance à travailler est solide et résistante, et il est surprenant de voir avec quelle délicatesse les fourmis transforment l'intérieur du tronc en une série de cloisons percées en tous sens comme une grossière dentelle, reliées par des piliers horizontaux et formant un enchevêtrement de chambres et de galeries du plus singulier aspect.

Dans les souches de pins, les fourmis suivent les couches concentriques du bois et forment des chambres longitudinales séparées par des cloisons percées à jour. Des piliers horizontaux sont conservés pour former charpente et assurer l'immobilité de ces cloisons emboîtées. Bruyant possède un exemplaire d'un tronc parcouru par un véritable couloir disposé en spire autour d'une columelle centrale; c'est un escalier sans marches servant à relier les chambres massées au pourtour.

Dans le tronc du châtaignier, les *Camponotus* tracent des chambres horizontales avec des piliers verticaux. Ces chambres allongées et régulières à la périphérie donnent accès vers le centre de la souche dans un système enchevêtré de chambres et de galeries à paroi mince et délicate.

Ces modifications dans la structure du nid suivant les conditions particulières du milieu, sont intéressantes, surtout si nous ajoutons que les *Camponotus* peuvent abandonner le métier de charpentier pour celui de mineur et creuser en terre un nid profond avec couloirs tortueux.

3. Dans un troisième ordre de nid, il y a travail de constructeur; les matériaux sont choisis, préparés et sont utilisés pour l'édification du nid. Je dis : édification, car désormais le nid devient, au moins en partie, extérieur, et s'il existe encore des galeries profondes minées dans le support, cette élévation superficielle rend évident le travail des fourmis. Dans cette catégorie, on observe des dispositions nombreuses.

Le cas le plus simple est celui où, sur un nid miné dans le sol, s'élève un dôme saillant à la surface. Ce dôme peut être fait en terre maçonnée ou en brindilles entre-croisées formant charpente.

Le type le plus accompli des fourmis maçons est le *Lasius niger*, la petite fourmi brune de nos prairies. Huber nous donne sur ce nid des détails fort complets : « Cette fourmi, l'une des plus industrieuses, construit son nid par étages de quatre à cinq lignes de haut, dont les cloisons n'ont pas plus d'une demi-ligne d'épaisseur et dont la matière est d'un grain si fin que la surface des murs intérieurs en paraît fort unie. Ces étages ne sont point horizontaux, ils suivent la pente de la fourmilière, de sorte que le supérieur recouvre tous les autres, le suivant embrasse tous ceux qui sont au-dessous de lui, et ainsi de suite, jusqu'au rez-de-chaussée qui communique avec les logements souterrains. Cependant ils ne sont pas toujours arrangés avec la même régularité, car les fourmis ne suivent pas un plan bien fixe; il semble, au contraire, que la nature leur a laissé une certaine latitude à cet égard, et qu'elles peuvent, selon les circonstances, le modifier à leur gré; mais, quelque bizarre que puisse paraître leur maçonnerie, on reconnaît toujours qu'elle a été formée par étages concentriques.

« Si l'on examine chaque étage séparément, on y voit des cavités travaillées avec soin, en forme de salles, des loges plus étroites et des galeries allongées qui leur servent de communication. Les voûtes des places les plus spacieuses sont supportées par de petites colonnes, par des murs fort minces, ou enfin par de vrais arcs-boutants. Ailleurs on voit des cases qui n'ont qu'une seule entrée; il en est dont l'orifice répond à l'étage inférieur, on peut encore y remarquer des espaces très larges percés de toutes parts et formant une espèce de carrefour où toutes les rues aboutissent. Tel est à peu près l'esprit dans lequel sont construites les habitations de ces fourmis; lorsqu'on les ouvre, les cases et les places les plus étendues sont remplies de fourmis adultes; mais on voit toujours que leurs nymphes sont réunies dans les loges plus ou moins rapprochées de la surface suivant les heures et la température, car à cet égard les fourmis sont douées d'une grande sensibilité et paraissent connaître le degré de chaleur qui convient à leurs petits. »

C'est au moment de la pluie que les maçonnes se mettent à l'œuvre. Elles profitent de l'humidité de la terre pour faire de minuscules boulettes qui, accumulées une à une, finissent par faire des murs élevés qui limitent des chambres et des corridors. Les mandibules fermées servent de grattoir et, lorsque les particules de terre détachées ont été réunies en boulette et portées sur le mur, ces mêmes mandibules font truelle et étalent la terre sur la surface en construction.

C'est ainsi que s'édifient des chambres, des piliers, tout un étage de cases communiquant entre elles et bientôt un plafond clôt l'ensemble, formant l'assiette pour un nouvel étage. Tant que la terre est humide, les fourmis travaillent avec ardeur et une fiévreuse rapidité, car le soleil durcira la terre et arrêtera les travaux.

La fourmi noir cendré (*Formica fusca*) élève aussi des dômes maçonnés, mais ici les fourmis commencent par étaler une couche épaisse de boue et creusent dans cette boue les chambres et les galeries.

Le *Pogonomyrmex occidentalis* de l'Amérique du Nord construit des dômes comme nos espèces indigènes, mais elle recouvre toute la surface du dôme d'un dallage de petits cailloux. Ces cailloux varient suivant la région, lames de schistes, plaquettes de calcaire et mêmes paillettes de mica ou d'or, comme cela arrive dans les gisements aurifères du Nouveau-Mexique, et forment un toit protecteur où les dalles sont étroitement juxtaposées.

La *Formica pratensis*, la fourmi fauve de nos prairies et de nos forêts, est le type de nos charpentiers indigènes. L'énorme dôme des fourmilières est formé non point de terre maçonnée, mais d'une multitude de brindilles enchevêtrées qui forment toit et limitent des chambres intérieures confortables. C'est aux tiges sèches de graminées, aux feuilles aciculaires des pins et des sapins, aux pétioles des feuilles que cette fourmi emprunte les matériaux de ses charpentes. A la périphérie du nid, c'est un enchevêtrement de brindilles dont les interstices sont bourrés de petites pierres, de graines desséchées, de coquilles vides, tout cela formant une espèce de toit de chaume qui protège la cité. Sous ce toit, des poutrelles fixent les brindilles disposées en plafond, et la terre interposée assure la solidité de l'ensemble; de là des chambres, des galeries disposées en étages superposés, des cases plus ou moins vastes ou se réunissent le soir les nombreux ouvriers de la cité. Pour construire de semblables dômes, les fourmis commencent par accumuler les matériaux de façon à établir un monticule plein que le tassement rend solide. Alors commence de bas en haut un travail qui a pour but d'enlever les brindilles et la terre pour limiter les chambres et les galeries. De cette façon, on peut être assuré de la solidité de la partie où l'on travaille, c'est une mine que l'on creuse dans un sol artificiel construit de toutes pièces. Des étages massifs sont successivement superposés aux précédents et creusés de la même façon pour les besoins de l'association.

L'apparition de glandes spéciales, analogues à celles des guêpes, donne à certaines fourmis la possibilité de façonner un véritable carton pouvant être utilisé pour l'aménagement des galeries ou pouvant servir à la construction du nid tout entier. Parmi nos fourmis indigènes, le *Lasius fuliginosus* qui creuse, comme les *Camponotus*, les troncs des arbres, tapisse tout l'intérieur du nid avec un semblable carton. Mais c'est dans les régions tropicales que se rencontrent les fourmis façonnant des nids aériens avec ce carton. Le nid du *Crematogaster* rappelle tout à fait celui des guêpes; suspendu aux branches et protégé par un toit de feuilles de cartons imbriquées. Le *Dolichoderus gibbosus* fixe un nid analogue contre la paroi des feuilles ainsi que les *Po-*

lyrhachis, dont le nid ressemble à un œuf perforé.

Tels sont les grands traits de l'organisation des diverses fourmilières. En dehors des matériaux de construction qui diffèrent, l'ordonnance générale restant le même et les détails donnés par Huber sur le nid du *Lasius niger* nous permettent de comprendre l'ordonnance de ces cités des fourmis.

II. La vie dans la fourmilière.

La fourmilière est parcourue en tous sens par des corridors obliques qui s'enfoncent de là dans le sol plus profond. Ces corridors se croisent, s'enlacent, et s'évasent en chambres successives qui présentent les plus curieuses dispositions.

Ici, ce sont des greniers où arrivent sans cesse les captures faites au dehors : les petites larves d'insectes, les mouches, les débris empruntés aux animaux morts rencontrés sur la route. Car la fourmi recherche cette nourriture animale, bien que son aliment par excellence soit le miel. Le miel est récolté partout, sur les bourgeons qui s'entr'ouvrent, sur les feuilles naissantes et même sur les animaux qui en sécrètent.

Nous passons aux dortoirs vides, où les ouvrières se réunissent en rentrant de leurs travaux, et de là nous poursuivons notre visite jusqu'aux galeries des reines ou mieux des mères, car les observations précises ont détrôné ces excellentes pondeuses.

Il n'y a pas, comme chez les abeilles, une seule mère, mais plusieurs mères qui s'acquittent de leur tâche avec la plus grande ponctualité. Ces fourmis, plus grosses, plus lentes, plus paresseuses, pondent sans cesse de petits œufs blanchâtres, d'où sortiront des fourmis.

Les éleveuses recueillent aussitôt ces œufs et les transportent dans les chambres qui leur sont destinées.

III. Le développement de la fourmi ; les ouvrières.

L'œuf pondu se développe et donne une petite larve blanche, sans yeux et sans pattes, qui tend à la nourrice une bouche toujours béante. Les nourrices apportent à chaque instant la nourriture aux jeunes larves. Grâce à ce précieux aliment, le ver grandit et se développe.

Bientôt il file une coque blanche — que l'on nomme vulgairement œuf de fourmi — et il se transforme dans ce doux berceau en une chrysalide brunâtre et immobile. Enfin le moment de l'éclosion arrive, les éleveuses déchirent les fils du berceau, entr'ouvrent le maillot, et, avec une douceur infinie, étendent les pattes, dégagent les antennes et mettent en liberté la nouvelle citoyenne. Que de peine il a fallu à ces nourrices empressées pendant cette longue métamorphose; chaque coup de soleil, chaque averse de pluie, chaque invasion de froid a nécessité le transport des larves et des nymphes dans des chambres propices. Dans l'éducation du ver à soie nous maintenons autour des chenilles une température constante en graduant l'afflux de calorique dans les chambres où elles se trouvent; ici, le même résultat est obtenu en transportant les larves à des niveaux divers de la fourmilière, suivant les alternatives provoquées par l'état de l'atmosphère extérieure. Il est facile d'observer les péripéties de ces transports de petites coques blanches que l'on recherche avec tant d'avidité pour les faisanderies.

La petite fourmi est alors initiée à la vie de la colonie. Guidée par ses nourrices, elle apprend à connaître les rues de sa ville et les chemins qui convergent aux portes; elle devient l'ouvrière ardente au travail, la citoyenne parfaite et modèle qui, à son tour, élèvera la génération nouvelle.

IV. Les reines et les mâles ; la fécondation.

Les fourmis qui sortent des nymphes sont ordinairement dépourvues d'ailes. Ce sont les éleveuses ou ouvrières qui, selon leurs aptitudes deviendront travailleuses ou nourrices. Mais, à un certain moment de l'année, on voit sortir de certaines nymphes des fourmis ailées. Les unes sont plus grosses et plus lourdes, de couleur plus sombre : ce sont les femelles; les autres sont plus légères, plus sveltes, plus brillantes : ce sont les mâles.

C'est ordinairement au printemps que ces êtres ailés s'échappent de la fourmilière. Cette sortie se fait un seul jour dans l'année, au milieu d'une effervescence générale de tout le peuple. Huber y voit un jour de fête nationale. C'est au coucher du soleil, souvent après un orage, que les colonnes de fourmis ailées s'échappent par toutes les portes. Bientôt toutes les herbes voisines en sont couvertes; les ouvrières les suivent et leur donnent encore de la nourriture. Soudain quelques individus prennent leur vol et bientôt l'essaim s'élève dans les airs. C'est en ce moment que s'opère la fécondation. Alors les groupes se laissent tomber lentement vers le sol. Les uns sont emportés au loin, les autres arrivent près de la fourmilière d'où ils se sont échappés. Les mâles sont repoussés de la colonie et meurent misérablement comme des bouches inutiles auxquelles la cité ferme impitoyablement ses portes. Mais les fourmis ouvrières songent à l'avenir de la société; elles dépouillent les femelles de leurs ailes légères : « Elles les accueillent faibles, déchues, misérables, et elles les font reines. »

Les reines ou mères ne sont en effet que les femelles dépourvues d'ailes et fécondées et qui, enfermées dans la fourmilière, pondent pendant toute leur existence, c'est-à-dire pendant quatre ou cinq ans, les œufs dont nous avons suivi le développement.

Les mères qui, tombées au loin, ne sont pas recueillies par les ouvrières, se coupent elles-mêmes les ailes et s'occupent à creuser un petit terrier où elles se cachent. Bientôt elles pondent quelques œufs qu'elles soignent, qu'elles élèvent et d'où sortent des ouvrières qui deviennent le noyau d'une nouvelle colonie.

Tel est le point de départ d'une fourmilière. Mais beaucoup de femelles deviennent la proie des insectes ennemis et meurent sans avoir pu assurer la vie de leurs descendants.

V. Les sentiments sociaux des fourmis.

Connaissant les détails donnés précédemment, nous pouvons essayer de jeter un coup d'œil d'ensemble sur une semblable société de fourmis.

La société comprend trois ordres d'individus :

1° Les mères, devenues veuves le jour même de leurs noces, qui passent leur paresseuse existence à pondre des œufs sans s'inquiéter de l'avenir de leurs descendants;

2° Les éleveuses, qui ne pondent jamais, mais qui prennent soin des nourrissons, réunis et élevés en commun dans la cité; les éleveuses sont des femelles comme les mères, mais elles sortent de larves, nourries d'une façon spéciale et chez lesquelles un jeûne bien entendu a empêché le développement complet des organes qui produisent les œufs, ce sont des neutres comme on les nomme ordinairement;

3° Les mâles, qui apparaissent un instant pour mourir après la fécondation. Cette existence éphémère des mâles leur assigne dans la vie de la société une place à part. Ils sont nécessaires pour assurer la propagation de l'espèce, mais leur rôle une fois joué, ils disparaissent comme des êtres désormais inutiles que l'on sacrifie.

Une société de fourmis est donc composée essentiellement de femelles, les mâles n'étant pas destinés à occuper une place persistante dans ces associations d'insectes, et, parmi ces femelles, les unes, munies d'organes reproducteurs bien développés, président à la multiplication des individus, les autres, ayant des ovaires atrophiés, se partagent l'éducation des jeunes et les fonctions nécessaires à l'entretien et à la protection de la cité.

Dans une semblable association, lorsque les ouvrières provenant de l'essaim primitif ont disparu, tous les membres actifs sont fils de la même mère, c'est donc une véritable association familiale. Cependant, à certains moments, les rapports entre les individus constituants sont différents. La mère est bien loin d'être une reine qui commande et gouverne. C'est une captive que l'on garde à vue, que l'on chérit parce qu'elle donne des œufs et assure l'avenir de la société, mais que l'on méprise et que l'on remplace le jour où elle est devenue inféconde. Dans ce dernier cas, la nouvelle reine se trouve être la sœur des ouvrières qui ont provoqué son développement, et ce n'est que plus tard, quand les neutres actuelles ont disparu, que l'association reprend ses caractères initiaux, étant formée alors de la mère et des ouvrières issues des œufs pondus par elle.

Le grand lien de ces sociétés domestiques est

l'affection commune des larves. Tous les œufs sont, dès qu'ils sont pondus, la propriété de tous et les éleveuses les aiment, les entourent de leurs soins et font tout ce qui est nécessaire pour assurer le développement de la larve et de la nymphe.

C'est cette affection commune qui dirige les ouvrières dans la recherche de la nourriture et dans la construction du nid.

La larve a besoin d'un aliment approprié pour grandir et se métamorphoser, et l'on met tout en œuvre pour la récolte du précieux liquide.

La larve a besoin d'une température constante et l'on creuse les galeries, et l'on bâtit les dômes, et l'on prépare ces chambres superposées du nid, vaste étuve à température variable suivant les hauteurs, où l'on transportera les nourrissons d'étage en étage suivant les modifications de l'atmosphère extérieure.

La larve a besoin du soin de ses nourrices; elle sera arrachée par elles de son berceau et de son maillot, elle sera initiée par elles aux secrets de sa ville et de ses environs. Aussi les guerriers qui ont perdu la faculté d'élever eux-mêmes ces précieux enfants vont à la conquête et capturent les esclaves qui sauveront leurs nourrissons en leur prodiguant les soins qu'ils ne sont plus capables de leur donner.

Cette affection des larves fait naître l'affection que la fourmi montre pour tous les êtres capables de lui donner des produits utiles pour ces tendres créatures. De là les soins prodigués à tous les animaux sécréteurs de miel. Mais en même temps on constate une indifférence profonde pour l'adulte. Contrairement aux allégations d'auteurs peut-être trop admirateurs des fourmis, Lubbock taxe ces petits travailleurs de sentiments peu charitables pour leurs concitoyens. L'adulte peut et doit se suffire et les occasions semblent rares où il peut compter sur les secours de ses voisins et de ses amis.

En revanche, cette affection fait naître une haine immense contre tous les êtres qui ne répondent pas aux exigences des fourmis, et à plus forte raison contre les animaux nuisibles et qui convoitent la capture des larves bien-aimées. Cette haine s'étend surtout aux sociétés voisines, établies sur le même territoire et dont les incursions peuvent faire redouter la pénurie des vivres pour les petits. De là ces guerres d'extermination entre fourmis, même de la même espèce. Une expérience de Lubbock me semble fort curieuse. Il place dans un flacon des fourmis d'un nid A, par exemple, et dans un autre flacon des fourmis d'un nid B; les flacons sont fermés par une toile métallique très fine et placés près de la fourmilière A. Les fourmis de cette fourmilière sortent immédiatement en troupes et s'acharnent contre la toile métallique du flacon où se trouvent les fourmis de B, ne se préoccupant pas des autres. Cette expérience nous montre d'une part la haine contre les ennemies, l'indifférence pour les amies prisonnières, et d'autre part la possibilité qu'ont les fourmis de se reconnaître d'un nid à l'autre.

Cette haine groupe les fourmis d'un nid en un

tout unique, en une nation toujours en état de siège, toujours prête à lutter pour sa défense ou à chercher l'anéantissement des nations voisines. Chaque soir, les portes sont fermées avec soin et des sentinelles vigilantes gardent des surprises. Il y a quelque dix ans, dans toutes nos places fortes, la cloche de onze heures annonçait encore que les portes allaient être closes; les fourmis en sont encore là et il est curieux de voir les ouvrières combler de brindilles et de pierres les orifices extérieurs de leurs souterrains.

L'expérience que je signalais tout à l'heure montre que les fourmis reconnaissent leurs amies. A quel signe, par quel sens se fait cette reconnaissance? On a beaucoup cherché, beaucoup observé et une réponse satisfaisante n'a pas encore été donnée.

La vue des fourmis semble assez obtuse, les grands yeux à facettes situés de chaque côté de la tête ne doivent pas servir à la fourmi pour reconnaître sur le visage des autres fourmis les traits caractéristiques d'un ami. — L'ouïe ne semble pas permettre de conjecture plus admissible.

L'odorat, en revanche, est très développé chez ces insectes et c'est lui qui leur sert à retrouver leur chemin, peut-être à reconnaître les citoyennes du même nid. — Le toucher, enfin, semble le sens le plus parfait.

Il suffit de suivre une fourmi pour assister à une rencontre et observer les mouvements des deux antennes qui frappent aussitôt les antennes de l'amie. Ce manège si curieux se renouvelle à chaque rencontre et il semble que la petite voyageuse est heureuse de faire une petite causette avec toutes les personnes du voisinage. Cette observation a tellement frappé les observateurs qu'on a voulu voir dans ces pratiques les bases d'un véritable langage que l'on a nommé : antennal. Tantôt ce sont des caresses légères, tantôt des petits coups plus vifs, tantôt des secousses violentes et même, dans le combat, on voit les fourmis se communiquer la défaite des ennemis en frappant le sol avec leur abdomen. Il y a certainement dans ces faits des points importants qui permettent d'admettre dans ces chocs des antennes des communications entre individus, ayant un sens donné et plus ou moins précis; langage très rudimentaire, je l'avoue, mais peut-être suffisant pour entraîner à un travail dû à une initiative personnelle, une collection d'individus obéissant à l'instinct d'imitation. C'est, il me semble, à ce langage que l'on peut rapporter la possibilité de se reconnaître entre amis.

Voici une observation de Lubbock.

« Des fourmis de divers nids, marquées sur le corselet d'une tache de couleur variant avec les nids observés, furent mises en présence de miel mélangé à de l'alcool. Bientôt les fourmis furent prises d'ébriété et les petits ivrognes se livrèrent aux gambades les plus extraordinaires. On les plaça près d'un nid. Les fourmis de ce nid aperçurent les victimes et les transportèrent dans la fourmilière. Mais bientôt le spectacle changea. Au bout de quelques minutes on vit ressortir de la fourmilière les fourmis secourables qui traînaient au dehors les ivrognes complètement dégrisés. Ces malheureux furent déchirés et massacrés; on n'épargna que quelques fourmis qui furent reconnues par leur couleur pour appartenir au nid qui se livrait à ces atrocités. Comment ces amies avaient-elles pu se faire reconnaître? Sans doute par le choc antennal, puisque les désordres de l'ivresse avaient permis une méprise et un bon mouvement initial en faveur de celles que l'on traitait si durement maintenant! »

VI. La guerre chez les fourmis.

Cette haine si grande de la fourmi pour tout ce qui n'est pas de sa fourmilière amène des combats singuliers entre les ouvrières qui se rencontrent, ou des guerres nationales qui ont pour but la ruine d'une cité voisine trop envahissante ou pour cause la nécessité de repousser une invasion. Ces guerres sont bien distinctes des brigandages dont nous aurons à parler plus tard, et elles ont pour mobile la nécessité d'affirmer ses droits sur un territoire de chasse donné, quand de nouvelles sociétés veulent s'installer sur ce territoire ou s'en annexer une part plus ou moins étendue. La fourmi a la notion de la propriété, et la défense du territoire est pour elle comme pour nous chose sacrée, que la mort des individus doit assurer contre l'envahisseur.

Les armées de fourmis sont variables suivant les espèces, leurs tactiques sont multiples et nous ne pouvons, dans cette étude générale, songer à les décrire toutes, mais nous devons donner une idée de ces sortes de guerres. Lorsque les armées se rencontrent, des combats terribles s'engagent. Alors les fourmis craintives et hésitantes sont prises d'une véritable ardeur guerrière ; grisées par

Fig. 27. — Combat de fourmis.

l'odeur du venin, par la vue de leurs ennemis, elles se lancent dans la mêlée et l'observateur assiste à ces minuscules combats où les guerriers corps à corps se percent de leurs mandibules, se traversent de leurs dards empoisonnés, se décapitent et se mutilent. Telle fourmi saisie par les mandibules d'un ennemi a tranché le col de l'imprudent et porte longtemps à sa patte cette tête dont les mandibules crispées n'ont pas lâché prise dans la mort. Les colonnes de fourmis vont et viennent pendant l'action, assurant les renforts et remplaçant les bataillons épuisés par des troupes fraîches (fig. 27).

Dans ces combats, les fourmis s'unissent souvent par escouades, formant des chaînes où les individus s'accrochent l'un à l'autre en un tout homogène, plus lourd, plus fort pour l'attaque et pour la résistance. Ces chaînes s'abordent avec les chaînes ennemies et des tractions en sens inverse finissent par les rompre et livrent à la plus forte des prisonniers qui sont entraînés vers la fourmilière; car malgré le carnage on se saisit des vaincus sans défense et on les tient en bonne garde.

On a vu de semblables combats durer plusieurs jours, cessant le soir pour reprendre le lendemain. Si dans de semblables guerres les rivaux sont de force égale, on se sépare après la lutte qui recommence bientôt; mais si un des camps est vainqueur, le vaincu, refoulé sur son nid, est attaqué dans sa forteresse et si les portes sont forcées, il doit fuir avec ses larves et ses nymphes, espoir de la cité, car le vainqueur n'épargnera ni les reines ni les enfants.

Le champ de bataille reste couvert de cadavres et alors commence le massacre des prisonniers, car les vainqueurs ne laissent point vivre ceux que la force a mis entre leurs mains. Tous les observateurs ont assisté aux supplices atroces infligés à ces êtres sans défense, sur lesquels s'acharnent des bandes de bourreaux qui leur arrachent les pattes et les antennes avant de leur donner le coup fatal; et nombreuses sont les victimes mutilées qui sont laissées, encore à demi vivantes, en proie aux angoisses d'une mort lente à venir!

VII. Les villes des fourmis.

J'emprunte à Bruyant quelques observations personnelles qui complètent l'histoire de la cité des fourmis et mettent en relief la constitution de véritables peuplades.

« Les chemins, qui partent tous de la fourmilière, et que les espèces maçonnes recouvrent parfois d'une voûte, de manière à les transformer en tunnels, ont plusieurs destinations. Tantôt ils établissent une communication facile entre le nid et les terrains de chasse ou les arbres à pucerons; tantôt ils relient les différentes parties d'une colonie, car une même société de fourmis peut occuper plusieurs habitations. Une colonie comprend un nombre de nids variable selon les espèces ; celles de la *F. pratensis* n'en offrent jamais plus de trois ou quatre. Les colonies du *L. fuliginosus* sont beaucoup plus nombreuses sans toutefois approcher de celle que le docteur Forel a observée sur le mont Tendre et qui, habitée par la *F. exsecta,* était composée de plus de deux cents dômes.

» Les nids dépendant d'une même société n'ont pas toujours une égale importance; quelques-uns peuvent être réduits à l'état de stations offrant un asile temporaire aux ouvrières fatiguées. J'ai observé une fourmilière de *Lasius* qui exploitait un noyer infesté de pucerons et placé à une grande distance. Les pourvoyeuses séjournaient quelques instants dans une cavité creusée au pied de l'arbre avant d'en entreprendre l'ascension ou de regagner leur habitation. Ayant placé en cet endroit une large pierre plate, je découvris en dessous, peu de temps après, un nid en miniature composé de salles et de galeries disposées sur un seul étage et où les ouvrières s'arrêtaient pour réparer leurs forces.

» L'activité de la fourmilière dure pendant tous les beaux jours, puis fait place au repos hivernal. A l'approche de la mauvaise saison, nos insectes se retirent peu à peu dans leurs cases, s'entassent les uns sur les autres, et forment de véritables pelotes vivantes, évitant ainsi le froid et l'humidité. Les essaims possèdent une température supérieure à celle du milieu ambiant, comme le montrent les mesures thermométriques de Forel. Le fait est d'ailleurs facile à mettre en évidence. Ayant enfermé dans une fourmilière artificielle, revêtue d'un volet métallique une cinquantaine de *Leptothorax unifasciatus*, espèce très petite, j'exposai l'appareil à un froid de 0°. Il se déposa au-dessus des groupes de fourmis, à la surface intérieure du verre, une abondante buée, attestant nettement la différence des températures. — Sous l'influence du froid, les fourmis s'endorment et leur activité vitale diminue; en hiver elles n'ont donc généralement besoin d'aucune nourriture. Mais cet engourdissement n'est que graduel et varie non seulement suivant les espèces, mais encore suivant les individus; les *Leptothorax* semblent mieux supporter le froid que telle autre espèce, et dans une même communauté, on voit certaines travailleuses actives alors que leurs compagnes se sont déjà réunies en essaims. Dans ces conditions, quelques ouvrières suffisent à alimenter la fourmilière. Lubbock a constaté chez la *F. fusca*, que ces pourvoyeuses sont toujours les mêmes, et que si on les emprisonne, elles sont remplacées par d'autres en nombre égal. C'est là un exemple curieux de la division du travail que j'ai observé également dans ma fourmilière de *F. rufopratensis*. L'ayant gardée tout un hiver, je m'aperçus en outre que l'activité de mes pensionnaires correspondait avec assez d'exactitude aux variations de la température extérieure, bien que l'effet en eût dû être neutralisé par la chaleur modérée que j'entretenais dans l'appartement.

» La vie des reines et des ouvrières est assez longue : elle atteint, comme l'a prouvé Lubbock, huit ou neuf ans. Quant aux communautés, leur existence est théoriquement indéfinie; toutes les femelles ne participent point au vol nuptial; quelques-unes restent à la surface du nid et sont entraînées à l'intérieur par les neutres pour perpétuer la race. Mais, en réalité, les cités des fourmis ont leur décadence comme les nations humaines; leur population que ne régénère aucun croisement, va s'affaiblissant et finit par succomber sous les attaques répétées de ses ennemis naturels et des intempéries, bien qu'après une longue période : ainsi M. Berthelot a observé une fourmilière pendant vingt-cinq années au bout desquelles elle s'était transformée en une colonie fort vivace. — S'il est aisé de prévoir la fin de ces sociétés, la question de leur origine est restée obscure. Parfois sans doute, une succursale peut se détacher de la cité mère et constituer un État distinct. Mais le plus souvent c'est une femelle qui fonde la fourmilière; travaille-t-elle comme la femelle guêpe ou bourdon? s'unit-elle à quelques ouvrières de son espèce? On l'ignore à peu près. Si Lubbock a vu des reines de *Myrmica ruginodis* mener à bien l'élevage de leurs jeunes, c'est là un cas unique. L'hypothèse la plus probable est donc la dernière. « J'ai vu, dit l'auteur anglais, que lorsque je plaçais une reine avec quelques fourmis dans un nid étranger, elles ne l'attaquaient point, et en en ajoutant d'autres peu à peu, je réussissais à lui assurer le trône. » Mac Cook cite l'adoption immédiate d'une femelle par toute une colonie; M. André a observé à l'automne des reines de *L. niger* et *alienus*, portant une ouvrière accrochée à leurs pattes. Enfin, j'ai rencontré à plusieurs reprises en hiver des femelles de *Camponotus ligniperdus*, blotties avec un petit nombre d'ouvrières dans des cavités absolument isolées; les neutres ne pouvaient être issues d'œufs pondus par la mère, la saison étant trop peu avancée; mais je dois avouer que ces associations ne purent jamais prospérer dans des nids artificiels. »

VIII. L'alimentation des fourmis.

Nous connaissons la cité et ses habitants, il nous reste à pénétrer les mystères de la vie sociale des fourmis.

A ce point de vue, les sociétés de fourmis sont très variables suivant les espèces, et ce qui semble influer d'une façon directe sur les habitudes si diverses qu'on leur sait, ce sont les conditions mêmes de l'alimentation. En effet, certaines fourmis sont essentiellement carnassières et forment des *tribus de chasseurs* qui font des incursions lointaines à la recherche de la proie.

Mais en général les goûts des fourmis sont plutôt portés vers la recherche des matières sucrées qu'elles dégustent avec délices et qui forment, pour elles et leurs larves, un aliment substantiel et en rapport avec leurs besoins.

Or les liquides sucrés abondent dans certaines fleurs, sur certaines feuilles où des glandes nectarifères les sécrètent. Certaines espèces trouvent dans ces provisions toutes préparées une ressource suffisante pour leur alimentation et se bornent à la récolte de ce miel, formant ainsi des tribus où la préoccupation de la récolte prime toutes les autres.

Ailleurs, le liquide sucré est emprunté aux graines de certains végétaux. Les matières féculentes, qui forment la réserve alimentaire de la jeune plante enfermée dans la graine, deviennent solubles au moment de la germination et, à cet effet, se transforment en sucre de raisin ou glucose. C'est sur cette donnée que nous basons les opérations que nous faisons subir à l'orge destinée à la fabrication de la bière. Ce que nous savons par expérience, les fourmis le savent aussi, et nous voyons certaines tribus de fourmis récolter les graines et les traiter comme nous pour la production des matières sucrées. Ces tribus forment avec les précédentes les tribus de fourmis *agriculteurs*.

D'autres fourmis ont découvert le miel sécrété par certains animaux et surtout par les pucerons, petits insectes munis de deux glandes émettant des gouttelettes sucrées. Ces fourmis savent traire les pucerons comme nous savons traire les vaches et elles ont asservi ces paisibles insectes qui forment des troupeaux domestiqués et soumis, assurant la nourriture succulente aux membres de la cité. Ce sont de véritables tribus de *pasteurs*.

Dans tous ces cas, les fourmis d'une cité se sentent l'ardeur au travail qui leur permet de récolter les aliments et d'assurer le bien-être des jeunes, mais il existe des fourmis qui ne veulent point s'abaisser aux soins du ménage et qui préfèrent user de brigandage pour se procurer aux dépens des autres fourmis les provisions faites par leurs voisines.

Bien plus, on voit certaines espèces de fourmis attaquer leurs voisines pour leur enlever non seulement les provisions mais les nymphes prêtes à donner de jeunes fourmis. Ces jeunes fourmis, écloses chez leurs maîtres, deviennent de véri-

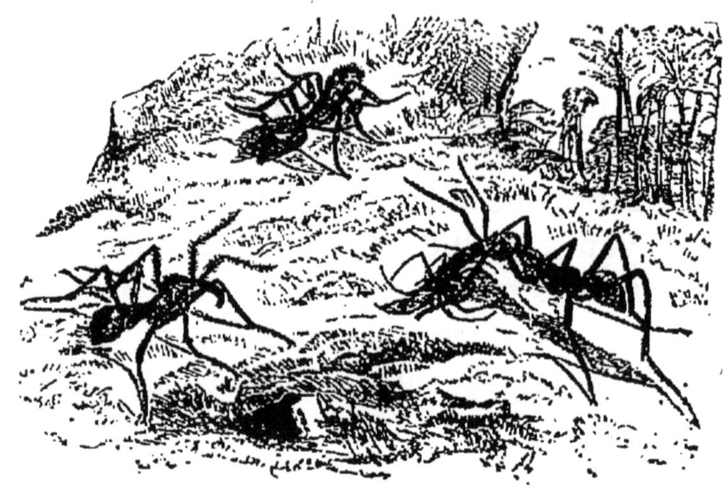

Fig. 28. — Les écitons, ouvrières.

tables esclaves qui se chargent de la récolte et de l'éducation des jeunes, laissant aux seigneurs du

Fig. 29. — Les écitons, soldats.

lieu tout le temps nécessaire pour surprendre leurs voisins et apporter au nid les nymphes qui donneront de nouvelles esclaves. Ces fourmis *esclavagistes* forment une série des plus intéressantes. Tels sont les types de société que nous allons passer successivement en revue.

IX. Les fourmis chasseurs.

De grandes tribus de fourmis préfèrent les matières animales aux liquides sucrés. C'est dans l'Afrique occidentale que Savage et d'autres explorateurs ont observé ces insectes dévorants que leurs appétits féroces obligent à faire de continuelles expéditions de chasse. Les *Ecitones* (fig. 28 et 29) marchent en bataillons serrés, attaquant tous les animaux qu'elles rencontrent; les troncs d'arbres sont fouillés, les insectes poursuivis, attaqués, anéantis dans leurs retraites et les cadavres emportés par ces colonnes innombrables. Les reptiles fuient devant ces armées terribles et les indigènes donnent le signal du départ pour éviter les cruelles mandibules de ces carnassières voyageuses. — Bates a observé au Brésil des *Œcodomes* qui se livrent à de semblables incursions, pénétrant jusque dans les habitations. On est obligé d'abandonner les maisons devant l'invasion et d'attendre le bon plaisir des fourmis pour se réinstaller chez soi. Tout a été fouillé, scruté, et tous les animaux ont été anéantis.

X. Les fourmis agriculteurs

Les fourmis agriculteurs s'adressent aux glandes nectarifères qui abondent sur certaines parties du végétal, ou s'adressent au sucre élaboré dans la graine pour le développement du jeune végétal.

La première série comprend nos fourmis indigènes qui visitent les corolles des fleurs ou qui recueillent sur les feuilles de certains arbres une

Fig. 30. — Les fourmis à miel.

matière gommeuse et sucrée de même origine que le nectar des fleurs.

La fourmi à miel du Texas est la plus intéressante de ce groupe. Le miel se retire des galles d'un chêne. La récolte se fait pendant la nuit, et le miel rapporté à la fourmilière est mis en réserve par un procédé étrange. Certaines fourmis se suspendent au plafond de chambres spacieuses et deviennent des amphores à miel. Les pourvoyeurs dégorgent le miel recueilli, dans la bouche de ces fourmis suspendues ; bientôt l'abdomen grossit, les anneaux se distendent et l'on a une fourmi dont la tête et le thorax restés normaux supportent une masse arrondie de la grosseur d'une noisette. Lorsque le froid a supprimé la possibilité de récolte, les fourmis réservoirs dégorgent le miel qu'on leur a confié et que les ouvrières viennent leur réclamer pour les nourrissons et les citoyens (fig. 30).

Si les espèces précédentes trouvent le miel tout préparé, d'autres trouvent dans les graines de certaines céréales la pulpe sucrée que demandent les larves. On sait que la matière féculente qui remplit certaines graines se transforme, au moment de la germination, en un sucre soluble assimilable par les parties de la jeune plante. La présence de la matière sucrée dans la graine, à un certain moment du développement, a été observée par les fourmis, et c'est le point de départ de la récolte de graines favorables et de la culture des plantes produisant ces graines, en un mot, de l'agriculture chez les fourmis.

L'atte noire des environs de Menton, si bien décrite par Moggridge, est le type de nos agriculteurs indigènes. La fourmilière est entourée par un espace où ne croissent que le fumeterre, l'avoine, la linaire, la petite véronique. Ce sont là les plantes protégées par la fourmi et qui chaque année se ressèment sur place ; tous les autres végétaux sont arrachés des champs de la fourmilière. A l'automne, les graines mûres sont détachées avec soin, dépouillées de leurs enveloppes et placées dans de petits greniers qu'une couche de paillettes de mica met à l'abri de l'humidité : c'est la moisson. Les graines seront alors portées au soleil ou soumises à l'action de la terre mouillée, suivant que l'on voudra retarder ou activer la formation du sucre, et de cette façon des rations copieuses peuvent chaque jour être données aux habitants, les provisions se conservant pour les jours de disette. Le procédé destiné à empêcher la germination après la transformation du sucre est bien spéciale : la fourmi laisse commencer le développement de l'embryon, puis la radicule est tranchée à la base et le grain de nouveau desséché au soleil.

Des fourmis américaines (*Pogonomyrmex*) observées par M. Cook aux États-Unis et au Texas, s'adressent de même aux végétaux. Ces fourmis cultivent aussi, dans un rayon de plusieurs mètres autour de la fourmilière, certaines plantes, à l'exclusion de toutes les autres. Ce sont des plantes de la famille des Composées; or, parmi celles-ci, il en est plusieurs qui sont d'importation récente dans le Colorado : la fourmi aurait donc modifié depuis peu ses cultures, trouvant dans ces nouveaux végétaux des graines répondant mieux à ses besoins.

Une fois la fécule transformée en sucre, l'aliment est à point; la fourmi concasse la graine et en gratte le contenu du bord de ses mandibules.

Les parcelles ainsi détachées et plus ou moins mélangées aux sucs végétaux naturels et transformés forment une sorte de mucilage qui est happé et léché par la langue. Pas plus que les autres, les *Aphœnogaster* ne se nourrissent donc de substances solides, comme on l'a souvent prétendu. Les débris du repas vont rejoindre au dehors le monceau de déchets élevé pendant le triage et qui décèle toujours la présence dans son voisinage d'un nid de fourmis moissonneuses.

XI. Les fourmis pasteurs.

Les *Camponotus* et les *Formica* sont des carnassières; elles sucent les proies vivantes, mais elles recherchent en même temps le miel partout où elles le rencontrent, déchirant les corolles pour ravir le nectar, attaquant nos provisions sucrées qui se trouvent à leur portée. Ce goût particulier pour le miel leur a fait découvrir une source abondante qu'elles exploitent dans une large mesure. Ce sont les pucerons.

Le puceron apparaît au printemps, sortant d'un œuf qui a passé l'hiver. L'animal ainsi produit est une femelle qui, sans fécondation, produit une série de femelles filles, capables de se comporter comme leur mère et de lui donner des femelles petites-filles. Les générations se succèdent dès lors d'une façon continue pendant la belle saison et comme chaque femelle donne dix à quinze femelles filles, on peut concevoir le nombre énorme des descendants de chaque

Fig. 31. — Fourmis et pucerons.

femelle initiale par cette multiplication si rapide. De là ces colonies qui couvrent les végétaux de leurs rangs serrés. Aux premiers froids, on voit apparaître des mâles et des femelles; la fécondation a lieu et la femelle pond l'œuf d'hiver qui, protégé par une coque épaisse peut lutter contre les intempéries; cet œuf donne au printemps la femelle initiale.

Les pucerons enfoncent leur bec dans l'écorce et y puisent les sucs nourriciers; l'extrémité de l'abdomen porte deux tubes par où s'échappe le produit de la sécrétion de deux glandes spéciales; c'est ce liquide que recherchent ces fourmis.

La fourmi s'approche de l'un d'eux et avec le bout de ses antennes, elle chatouille gentiment le petit animal. Celui-ci fait d'abord des difficultés, mais enfin il se décide et laisse échapper deux gouttelettes transparentes qui sortent des deux tubes déliés situés sur son dos. Ces gouttelettes d'un liquide sucré représentent le lait de nos vaches; la laitière vient de traire un puceron. Elle hume avec bonheur et rapidité le précieux liquide, puis passe à un autre puceron, puise ainsi dans le troupeau la ration nécessaire et s'éloigne.

C'est un chatouillement particulier qui décide le puceron à émettre sa sécrétion sucrée et cependant Huber n'a pu arriver à un semblable résultat. Il a utilisé à cet effet des cheveux déliés et des fils d'une extrême douceur, mais les pucerons n'ont pas obéi à ses invitations.

Dans le cas qui nous occupe les pucerons sont recherchés par les fourmis et exploités où ils se rencontrent; les fourmis vivent à leurs dépens comme les tribus de Peaux-Rouges aux dépens des troupeaux de bisons qu'ils suivent dans leurs déplacements; il n'y a pas de soins particuliers donnés aux pucerons, aucun indice d'essais de domestication véritable.

Avec les *Lasius* et les *Myrmica*, nous voyons le puceron devenir animal domestique. C'est dès lors un animal que l'on aime, que l'on soigne, que l'on protège, je pourrais dire que l'on élève. Ceci est rendu évident par les constructions destinées à envelopper les troupeaux de pucerons et qu'on ne peut mieux comparer qu'à des étables. J'ai vu bien souvent sur les tiges de l'Euphorbe à feuilles de cyprès, des pavillons en terre cimentée enveloppant plusieurs branches couvertes de pucerons. Dans ce cas, un couloir suit la tige principale et donne accès dans l'étable élargie. Souvent un chemin couvert relie l'étable à la fourmilière. Certaines fourmilières ont ainsi de nombreux entrepôts où les pucerons pullulent et où les ouvrières trouvent un miel abondant pour la colonie.

Les espèces précédentes s'adressent aux espèces de pucerons qui vivent sur les parties aériennes du végétal, mais il y a des pucerons de racines, et le *Lasius flavus* qui les élève est arrivé à leur faire produire une quantité suffisante de miel pour n'avoir plus besoin de s'éloigner du nid en quête d'autres aliments. Dans les nids de cette fourmi, de grandes étables sont creusées dans le sol et sur les racines, ménagées avec soin, pullulent les pucerons nourriciers. Ces pucerons forment désormais un troupeau indispensable à l'alimentation de la cité et l'idée de la conservation explique les soins multiples dont sont entourés ces minuscules animaux domestiques.

Les fourmis connaissent toutes les phases du développement de ces curieux parasites; elles savent ce que doit devenir la nymphe, le rôle que doit remplir l'insecte parfait, aussi elles aident de leur mieux l'accomplissement des actes nécessaires à la succession des formes asexuées du puceron. Comme l'a si bien démontré Jules Lichtenstein dans ses remarquables études sur les pucerons, ce sont elles qui tracent, des racines à la surface du sol, des galeries qui permettent aux pucerons ailés de prendre leur essor et d'assurer la fécondation. Mais ce sont elles aussi qui récoltent les pucerons ailés émigrants qui doivent déposer les œufs sur les racines; elles s'empressent d'arracher les ailes à l'individu reproducteur et le transportent parmi les racines où il déposera ces œufs. Que de soins donnés à ces œufs qui sont traités comme ceux même des fourmis; on les met à l'abri du froid, on les entasse dans des chambres spéciales et, au moment de l'éclosion, on les rapporte aux étables garnies de racines. Bref, il y a là un ensemble de faits qui montrent l'intervention de la fourmi dans la vie du puceron, une domestication évidente et indiscutable.

XII. Les fourmis esclavagistes.

Les sociétés de fourmis qui doivent être étudiées maintenant sont les sociétés mixtes où l'on rencontre à la fois plusieurs espèces de fourmis. Longtemps on a cru que, dans de semblables sociétés, deux espèces trouvant des avantages réciproques s'unissaient pour le plus grand bien de l'association. Or, il n'en est point ainsi. Dans ce cas, une des deux espèces n'est représentée que par des ouvrières, l'autre a des mâles et des femelles pondeuses. Cette dernière seule peut s'accroître en nombre dans la fourmilière par le développement des œufs pondus par ses reines; l'autre espèce est donc destinée à disparaître, à moins qu'une cause donnée ne fasse un apport d'individus nouveaux pour remplacer les adultes qui disparaissent. Or, cette cause est l'intervention de l'autre espèce qui enlève de force des nymphes à des nids voisins. L'une des espèces, celle qui se reproduit dans le nid, est un maître; l'autre espèce est réduite en esclavage, les individus étant arrachés à l'état de nymphe à leur fourmilière et devenant adultes dans le nid de leurs maîtres.

La *Formica pratensis*, dont nous connaissons le nid, est une espèce qui, suivant les conditions, fait ou ne fait pas d'esclaves. Quand elle en fait, elle s'adresse à des fourmis plus petites, *Formica fusca* et *rufibarbis*, mais ici l'esclavage est réduit au minimum et la *Formica pratensis* est simplement aidée par ses esclaves; elle conserve ses rapports avec ses nymphes et peut vivre sans ses esclaves. C'est là un point important, car l'introduction d'esclaves tend à supprimer le rôle des maîtres dans les questions domestiques de la cité, ainsi qu'on le voit dans les espèces plus profondément esclavagistes.

La fourmi sanguine s'adresse aux mêmes espèces que la fourmi des prés pour constituer ses esclaves. Deux ou trois fois an, par une chaude matinée d'été, les sanguines attaquent des nids de noires-cendrées pour ravir les nymphes nécessaires au maintien du nombre de leurs esclaves, car ici les esclaves sont nécessaires et se rencontrent dans toutes les cités de sanguines. Le siège d'un nid de noires cendrées est fait par les sanguines groupées en bataillons disposés en arc de cercle ; quand ces dernières se croient en nombre suffisant, elles attaquent résolument le nid, repoussent les noires qui cherchent à fuir et pénètrent dans les galeries d'où elles enlèvent les nymphes de leurs futurs esclaves.

La fourmi amazone (*Polyergus rufescens*) est conformée absolument pour l'attaque, et pour elle l'esclave est absolument nécessaire. Des expériences décisives de Forel ont montré que l'amazone était incapable de prendre elle-même des aliments ; elle se laisse mourir à côté du miel le plus appétissant, et, d'autre part, elle regarde d'un œil froid sa progéniture dépérir sans songer à lui porter secours. Placez quelques amazones dans un verre avec des larves bien nourries, mettez à proximité des gouttelettes de miel, les fourmis adultes ne feront aucun effort pour prendre le miel et se laisseront mourir à côté de leurs provisions, de leurs larves affamées. Introduisez à temps une *Formica fusca*, esclave d'une fourmilière d'amazones, et l'esclave s'empressera de se gorger de miel qu'elle ira dégorger dans la bouche des amazones et de leurs larves, sauvant ainsi les unes et les autres d'une mort certaine. L'esclave est donc désormais nécessaire, et ces grands sultans se trouvent par cela même sous la dépendance des petites fourmis noires qu'ils captivent.

Les amazones attaquent toujours l'après-midi les nids de *Formica fusca*. Elles s'avancent en une seule colonne et pénètrent dans le nid en renversant tout sur leur passage. C'est un pillage brutal et elles reviennent portant dans leurs mandibules les nymphes capturées. La lutte est plus ou moins chaude, mais les amazones perforant le crâne des petites fourmis avec leurs longues mandibules, mettent les plus acharnées hors de combat et restent en général maîtres du terrain. Les esclaves font bon accueil aux amazones revenant d'une expédition fructueuse et s'empressent de mettre en sûreté les nymphes provenant du pillage des fourmilières de leur espèce.

Le *Strongylognathus testaceus* marque une forme nouvelle de l'esclavage. Celui-ci asservit la petite fourmi des prairies, *Tetramorium cæspitum*. Or, dans une fourmilière mixte où les reines sont des Strongylognathus, le nombre de ces derniers est très réduit par rapport au nombre des esclaves, à tel point qu'on conçoit difficilement que les premiers puissent approvisionner leur fourmilière de cette foule d'esclaves. Dans ce cas, les esclaves seraient-ils eux-mêmes chargés du soin de recueillir les nymphes d'esclaves?

Avec l'*Anergates atratulus*, on arrive au degré de parasitisme le plus étrange qui se puisse concevoir. Un nid d'anergates ne comprend qu'une femelle à abdomen dilaté et des ouvrières de *Tetramorium cæspitum*. Les œufs pondus donnent des femelles ailées et des mâles aptères d'anergates; on n'a jamais observé d'ouvrières. Comment se forment de semblables associations? On ne peut concevoir une capture de nymphes par la femelle ou le mâle d'anergates, et il faut admettre que des ouvrières de *Tetramorium* recueillent les femelles d'anergates après l'accouplement et préparent le nid où pond la femelle. Nos connaissances sur la façon dont sort d'une reine fécondée une société nouvelle sont loin d'être précises. Si, comme certains le prétendent, la reine doit être recueillie par des ouvrières qui exécutent les premiers travaux, formant une sorte d'essaim fondateur de l'association, on pourrait admettre que les *Tetramorium* agissent avec les reines d'anergates comme avec leurs propres reines.

Tels sont les faits saillants de l'histoire des sociétés des fourmis.

CHAPITRE VIII

LES TERMITES

I. Le termite belliqueux et son organisation sociale.

Les sociétés d'insectes qui ont fait l'objet des précédents chapitres se rapportent toutes aux Hyménoptères, et forment pour ainsi dire une série continue, où les types se relient entre eux de la façon la plus évidente. Les termites, au contraire, appartiennent à l'ordre des Névroptères et de là vient l'intérêt tout spécial qui s'attache à leurs sociétés, car, seuls, parmi tous les autres insectes, ils affirment leurs instincts sociaux. La comparaison de leurs colonies avec celles des Hyménoptères peut permettre d'établir le type social des insectes.

Leur organisation sociale rappelle beaucoup celle des fourmis ; comme elles, ils bâtissent des nids ; ils en sortent par des passages souterrains et des galeries couvertes, et, de là, ils vont faire leurs excursions lointaines. Comme les fourmis, ils sont omnivores et comme elles ils présentent une différenciation qui permet de distinguer dans l'espèce : mâles, femelles et neutres. Chaque communauté comprend, selon Sparmann : un *mâle*, une *femelle* et deux sortes de neutres : les uns plus volumineux, à tête armée de larges mandibules, chargés de la défense de la colonie : ce sont les *soldats*; les autres, plus petits, qui creusent, construisent, réparent les brèches; ce sont les *ouvriers*. Nous avons vu chez les fourmis une tendance à l'établissement de ces deux castes distinctes, qui s'affirme ici avec la plus grande netteté. Immédiatement avant la saison des pluies, on voit apparaître, dans le nid, des mâles et des femelles ailés qui vont aussitôt quitter la place pour s'accoupler au dehors. Si la première pluie tombe dans la nuit, ils sortent en masse, s'élèvent dans les airs et retombent sur le sol où ils ne tardent pas à perdre leurs ailes. Si, recueilli par des neutres, un couple échappe aux causes de destruction qui l'entourent, il devient le centre d'une colonie nouvelle. Les travailleurs enferment le mâle et la femelle dans une petite chambre d'argile, ne laissant qu'une étroite ouverture qui rend impossible la fuite des prisonniers, car les travailleurs seuls, beaucoup plus petits, peuvent franchir l'orifice pour apporter la nourriture au couple royal. C'est alors, d'après Sparmann, que la fécondation a lieu, fécondation qui se renouvelle sans doute par intervalles, puisque le mâle reste actif auprès de la femelle. Puis le ventre de la femelle grossit et devient enfin si développé qu'il atteint un volume deux mille fois supérieur à son volume primitif. La ponte est continue et les œufs pondus sont emportés par les ouvriers et placés dans des logements spacieux et bien aérés, chauds et confortables. Ces chambres entourent celles de la mère. Les œufs sont disposés

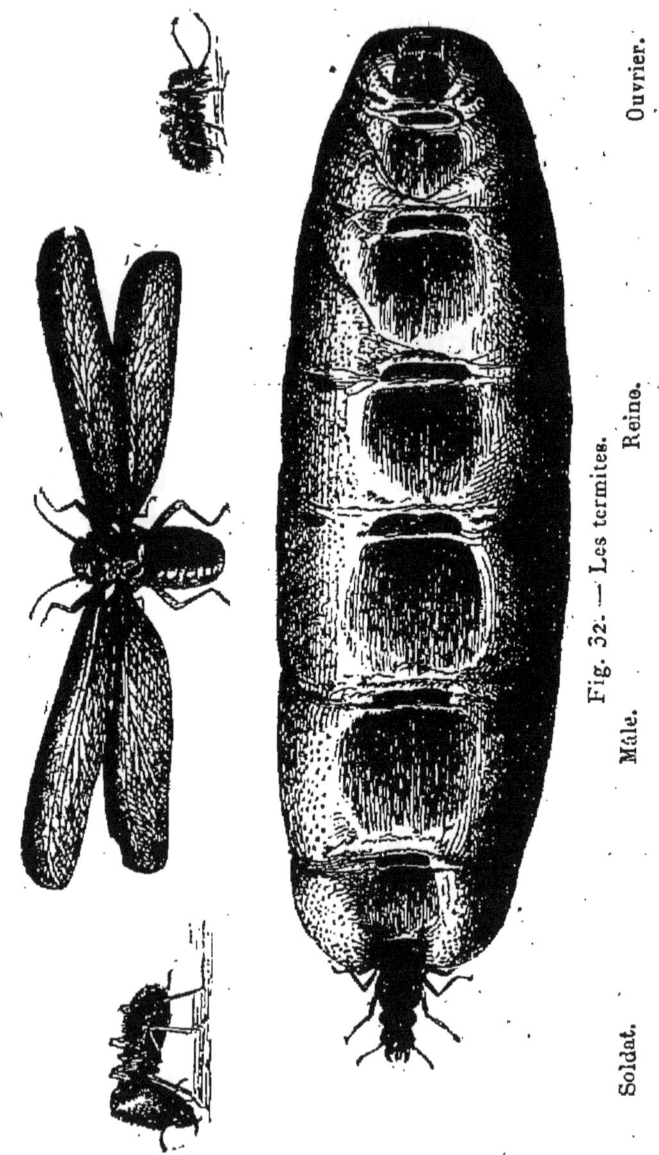

Fig. 32. — Les termites.

en files sur la sciure de bois qui forme le sol et ne tardent pas à donner de petites larves blanches.

La larve, d'abord petite et molle, très velue,

dont les anneaux à peine indiqués semblent former une seule masse, a la tête saillante, sans yeux visibles, de courtes antennes et un thorax très réduit. A mesure que les mues se succèdent, la consistance des téguments s'affirme et les larves évoluent différemment suivant le résultat définitif à obtenir.

Pour les individus sexués, les ailes se montrent et s'allongent peu à peu : quand elles ont atteint le sixième anneau, la nymphe est formée et l'insecte se prépare à achever son développement.

Pour les neutres, ouvriers et soldats, les ailes n'apparaissent point et ces formes imparfaites restent indéfiniment dans un état de développement incomplet. Leur forme extérieure s'accentuant les classe dans les deux catégories indiquées, et les recherches de Lespès ont montré que, dans les uns et dans les autres, l'organe sexuel non développé est indistinctement, suivant l'individu, mâle ou femelle.

Ces données préliminaires nous permettent de concevoir les relations qui rapprochent les fourmis des termites et les différences qui séparent les deux groupes : même tendance à l'association, même restriction de la fonction sexuelle à un ou à quelques couples, même utilisation de formes non développées pour les travaux intérieurs et pour la défense de la colonie.

Mais ici les neutres sont indistinctement des mâles ou des femelles non arrivés à leur complet développement.

Les observations concernant les termites sont loin d'être aussi précises que celles recueillies sur les fourmis et les abeilles; cependant, grâce aux travaux de Smeathman et de Sparmann sur les termites d'Afrique, de Bates sur les termites de l'Amazone, d'Escayrac de Lanture sur les termites du Soudan, de Latreille, de de Quatrefages et de Lespès sur nos termites indigènes, il est possible de préciser certains points de leur histoire.

II. Le nid des termites.

Le termite belliqueux (*Termes bellicosus*), qui habite toute l'Afrique méridionale, de l'Abyssinie au Cap, sur les côtes orientale et occidentale, a fait l'objet des communications de Smeathman.

Le nid de ces insectes est un immense monticule ayant 5 à 6 mètres de hauteur sur une base de même diamètre. Sa surface est bosselée, souvent flanquée de cônes aigus et saillants (fig. 33).

Un revêtement de boue cimentée, de plus de 51 centimètres, forme autour du dôme une croûte si résistante que l'homme ou de gros animaux peuvent monter sur le nid, sans enfoncer sa surface. C'est à coups de pioche qu'il faut attaquer ce ciment résistant, pour étudier la structure interne du nid. Au-dessous du dôme, une vaste chambre à air (D, *p*) assure la stabilité de la température à l'intérieur; de même le sous-sol est criblé de canaux destinés à recevoir l'humidité et à préserver le nid de l'envahissement par les eaux. Au-dessous de la chambre à air s'étagent les greniers et les magasins (C, *a*, *b*); ce sont des étages successifs, de petites logettes qui regorgent d'une poussière faite de sucs, de mucilages et de gommes de plantes, desséchées et réduites en poudre. Des couloirs spiralés font communiquer ces chambres entre elles et des voies de communication plus vastes permettent aux ouvriers et aux soldats de se porter rapidement sur tous les points du dôme. Ces couloirs aboutissent à la base du dôme dans des chemins couverts, plus larges, qui vont sous terre, souvent fort loin pour s'ouvrir au dehors; ces orifices externes sont les portes de la termitière. Les greniers sont supportés par de forts piliers qui permettent à l'air de circuler et d'assurer l'aération intérieure du nid (B). C'est au-dessous de ces piliers que se trouve la chambre royale et la nourricerie (A).

La chambre royale est une prison assez vaste où le couple royal est enfermé (A, *r*). Des ouvrières pénètrent continuellement dans la cellule, tandis que d'autres en ressortent, emportant les œufs. Smeathman a constaté que la femelle émettait environ soixante œufs à la minute, et comme il pense la ponte continue, il porte à quatre-vingt mille, dans les vingt-quatre heures, le nombre des œufs pondus. On conçoit qu'avec une fécondité de cette nature, une colonie puisse rapidement s'accroître, dans des proportions gigantesques.

Les œufs sont portés dans les logettes qui entourent la cellule royale (A, *m*). Le ciment argileux qui forme la masse du nid, ses colonnes, ses murailles, la paroi des corridors et des greniers, fait place, pour les appartements des larves, à une matière plus chaude et plus douce; c'est de la sciure de bois agglutinée en un tissu ferme et résistant. Le sol est jonché de fine poussière

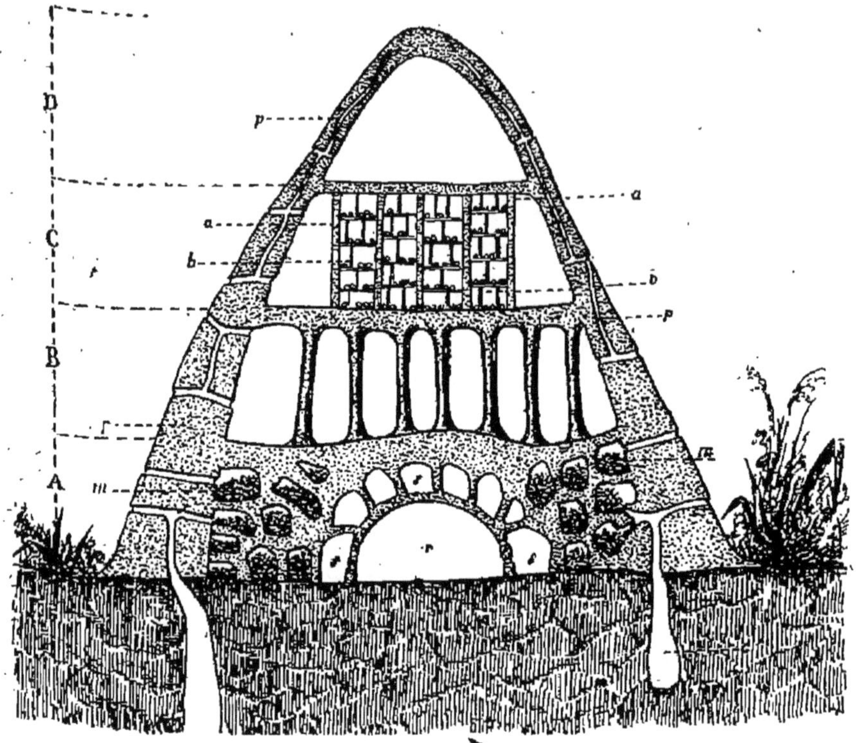

Fig. 33. — Nid des termites.

de bois, et c'est sur cette couche que les œufs s'accroissent et donnent les jeunes larves.

Une chaleur humide imprègne ces chambres à incubation et de larges moisissures s'élèvent sur la sciure de bois où vivent les larves. Ces champignons sont-ils une nourriture toute préparée pour les jeunes, ou bien les ouvriers apportent-ils les poussières végétales entassées dans les greniers? L'observation directe pourra seule répondre à cette question.

Les larves se développent comme nous l'avons indiqué, donnant des ouvrières et des soldats, puis, quand l'époque des pluies approche, certaines larves deviennent nymphes, et les insectes ailés, mâles et femelles, ne tardent pas à quitter les logettes pour gagner l'extérieur du nid. On les voit, par un soir d'orage ou par une matinée brumeuse, s'élever dans les airs en essaims tournoyants.

Puis les termites ailés tombent sur le sol, détachent leurs grandes ailes inutiles et se cachent sous les herbes, parmi les feuilles et les mousses pour échapper à leurs ennemis. Car déjà des fourmis voraces sont à leur poursuite pour se gorger de leur corps tendre et succulent. Les reptiles carnivores, des oiseaux nombreux, l'homme lui-même s'acharnent sur cette proie facile et savoureuse. Ainsi finissent les innombrables individus ailés des essaims. Heureusement, les ouvriers du nid voisin recueillent ceux qu'ils rencontrent et, s'attachant à eux, les entourent de soins et leur construisent une prison d'argile, premier rudiment d'un nid futur. Ainsi des couples sont préservés de la destruction et la propagation de l'espèce est assurée.

La fécondation a-t-elle lieu pendant l'essaimage? La femelle fécondée une première fois a-t-elle besoin de nouvelles interventions du mâle enfermé dans sa cellule? La réponse à ces questions attend des observations nouvelles.

Les soldats sont bien distincts des ouvriers, non seulement par leur forme mais par leurs attributions. Ils sont préposés à la défense du nid et à la surveillance générale des travaux. Si l'on pratique une brèche dans la paroi du nid, les soldats sortent de toutes les galeries ouvertes et s'élancent sur l'agresseur; s'ils peuvent l'atteindre ils plongent leurs mandibules dans les chairs et produisent une petite hémorrhagie, serrant avec une telle violence qu'ils se laissent mutiler plutôt que de lâcher prise. Une semblable attaque faite par plusieurs milliers de soldats oblige les maraudeurs à la retraite. Dès que le calme est rétabli, les soldats retournent à leurs casernements et les escouades d'ouvriers se pressent pour réparer la brèche; chacun apporte une boulette de ciment, la dépose, disparaît, fait place et le défilé continue. Grâce à cet apport continu de particules, le mur se refait avec rapidité. Il ne reste bientôt sur le chantier que quelques soldats qui font sentinelle et surveillent les travailleurs. De temps en temps ces soldats frappent le sol de leurs mandibules et produisent un *tic tac* qui se perçoit à distance; aussitôt les ouvriers secouent leur abdomen et ce choc plus mou sur le sol rend un espèce de sifflement assez caractéristique. Il semble que les soldats excitent de cette façon les travailleurs. Qu'une nouvelle attaque survienne et les bataillons des soldats se reforment, puis les travailleurs reviennent à leur tour sur la brêche. Si, malgré la défense opiniâtre des soldats, l'agresseur étend la brèche et pénètre dans la place, les ouvriers se mettent à boucher les issues, comblant les couloirs, les chambres, à mesure qu'ils se replient vers la cellule royale, de sorte qu'ils transforment le centre du nid en une masse argileuse solide de plus en plus résistante qui met le couple sexué à l'abri de nouvelles attaques.

C'est aux travailleurs qu'incombe le soin de la recherche des provisions : ils vont recueillir des gommes, des résines, des sucs végétaux divers, qu'ils accumulent dans les greniers. On n'a pas de détails précis sur la façon dont se fait la récolte; il se peut qu'ils pénètrent dans les végétaux eux-mêmes, attaquant les couches qui contiennent ces produits; en tous cas, il ne s'avancent au dehors du nid que sous des galeries couvertes; là où le sol est friable ils se creusent des couloirs souterrains; ailleurs ils accumulent des matériaux et font des chemins couverts à l'intérieur desquels ils cheminent.

Sparmann décrit une véritable migration de termites : « Je vis une armée de termites sortir d'un trou dans la terre, qui n'avait pas plus de quatre à cinq pouces de diamètre. Ils sortaient en très grand nombre, se mouvant en avant avec toute la vitesse dont ils semblaient être capables. A moins de trois pieds de cet endroit, ils se divisaient en deux corps ou colonnes composés principalement du premier ordre que j'appelle ouvriers. Ils étaient douze à quinze de front et marchaient aussi serrés qu'un troupeau de moutons, décrivant une ligne droite, sans s'écarter d'aucun côté. On voyait çà et là, parmi eux, un soldat trottant de la même manière sans s'arrêter ni se tourner, et comme il paraissait porter avec difficulté son énorme tête, je me figurais un très gros bœuf au milieu d'un troupeau de brebis. Tandis que ceux-ci poursuivaient leur route, un grand nombre de soldats étaient répandus de part et d'autre de la ligne, quelques-uns jusqu'à un pied ou deux de distance, postés en sentinelle, ou rôdant comme des patrouilles pour veiller à ce qu'il ne vînt pas d'ennemis contre les ouvriers; mais la circonstance la plus extraordinaire de cette marche, c'était la conduite de quelques autres soldats qui, montant sur les plantes qui croissent çà et là dans le fort du bois, se plaçaient sur la pointe des feuilles, à douze ou quinze pouces du sol, et restaient suspendus au-dessus de l'armée en marche. De temps en temps, l'un ou l'autre faisait le bruit ou cliquetis que j'avais si souvent observé de la part d'un soldat qui fait l'office d'inspecteur, lorsque les ouvriers travaillent à réparer une brèche dans l'édifice du termès belliqueux. Ce signal produisait un effet analogue, car toutes les fois qu'il était donné, l'armée entière répondait par un sifflement, et obéissait à l'ordre en doublant le pas avec la plus grande ardeur. Les soldats qui s'étaient perchés, et qui donnaient ce signal, demeuraient tranquilles dans les intervalles. Ils tournaient seulement un peu la tête de temps en temps et semblaient aussi attachés à leur poste que les sentinelles de troupes réglées. Les deux colonnes de l'armée se rejoignaient à environ douze ou quinze pas de leur séparation, n'ayan jamais été à plus de neuf pieds de distance l'une de l'autre, et ensuite descendaient dans la terre par deux ou trois trous. Elles continuèrent de marcher ainsi sous mes yeux pendant plus d'une heure que je passai à les admirer, et ne parurent ni augmenter ni diminuer de nombre, à l'exception des soldats, qui quittaient la ligne de marche et se plaçaient à différentes distances de chaque côté des deux colonnes... »

Ces données importantes demandent des observations nouvelles, car nous ne savons rien des mœurs intimes de ces insectes; nous connaissons leur organisation sociale, leurs castes, la disposition du nid, mais nous ignorons les rapports des larves et des ouvrières et les mille détails de la vie privée de ces curieuses associations. Latreille faisait déjà remarquer que ces observations avaient besoin d'être suivies de nouveau et pendant un temps assez considérable pour que l'histoire de ces insectes fût complète. Ce grand naturaliste a commencé l'étude du termès lucifuge, et a trouvé dans Lespès un continuateur digne en tous points de poursuivre son œuvre; nous aurons à revenir bientôt sur leurs découvertes.

III. Le termite lucifuge.

Les constructions des termites façonnant des tumulus se rapprochent de celles que nous venons de décrire. Smeathman a décrit des nids en tourelles surmontés d'un toit saillant en éteignoir renversé ; Fritz Müller, dans les descriptions du *Termes Lespesi* de l'Amérique du Sud, signale des dispositions analogues avec plafonds, planchers, piliers de soutien, corridors spiralés intérieurs. De même Bates décrit les tumulus des termites de l'Inde, qu'il a vus près de Santarem et qu'élèvent les termites des sables (*Termes arenarius*).

A côté des constructeurs de tumulus se placent les termites sculpteurs, qui profitent d'une matière solide qu'ils perforent en tous sens. C'est le cas des nids de termites observés par Smeatham et par Fritz Müller. Ces termites des arbres choisissent une branche robuste et la perforent de canaux profonds qu'ils tapissent intérieurement de ciment. Ces canaux se multiplient et peu à peu le bois débité par les mandibules disparaît. En même temps, d'autres travailleurs amassent du ciment à la périphérie et forment ainsi un anneau épaissi criblé de canaux et de chambres qui donne à l'ensemble une forme arrondie. A mesure que la termitière augmente, les galeries s'avancent dans tous les sens et la masse saillante du nid est constituée. Fritz Müller décrit les ouvriers comme utilisant pour la construction les matières rendues comme excrément. Dans son travail, chaque ouvrier se retourne, émet une petite masse d'excrément et cède la place au suivant. Le même procédé est utilisé pour réparer les brèches faites au nid. Il y a donc un moyen différent mis en usage dans ces espèces pour la préparation et la pose du ciment qui forme la paroi du nid.

Aux termites sculpteurs se rapportent nos termites indigènes qui attaquent, dans le midi de la France, nos oliviers ou autres arbres précieux (*Calotermes flavicollis*) ou qui sculptent les vieilles souches de pins et les bois vermoulus de la région bordelaise (*Termes lucifugus*). C'est cette dernière espèce qui a fixé plus particulièrement les recherches de Lespès et dont il nous reste à décrire les colonies.

Le termite lucifuge utilise les souches de pins qu'on laisse subsister après la chute des arbres; les jeunes sociétés s'établissent sous l'écorce et s'enfoncent peu à peu, poursuivant les galeries dans la partie la plus tendre de chaque couche annuelle du bois. Des orifices relient les travaux exécutés dans chaque couche et cette disposition donne à l'ensemble du nid une certaine régularité. Les canaux s'élargissent en chambres superposées servant de grenier ou de chambres pour les larves. Un revêtement, produit par les excréments des ouvriers, tapisse le bois des parois. Une cellule plus vaste est destinée au couple royal, qui semble unique dans chaque nid. Ici, comme dans les grands nids africains, des soldats sont chargés de la défense du nid et les ouvriers accomplissent les travaux de sculpture, s'enfonçant dans les racines et même poussant au dehors des galeries souterraines. Les ouvriers réparent les brèches, surveillent les larves et leur prêtent assistance lors de leurs mues.

Le termite lucifuge ou une espèce voisine, observée par M. de Quatrefages, étend ses incursions jusqu'à la Rochelle, Rochefort et Saintes. Ici l'espèce, au lieu de s'établir dans les vieux troncs abandonnés, a envahi les pilotis et les maisons, où elle occasionne des dégâts considérables. Non seulement ces insectes profitent des poutres assez vastes pour y sculpter les délicates dentelles de leur galeries et de leurs chambres, mais ils poursuivent leurs chemins couverts en suivant tous les objets de bois qui se trouvent à leur portée. On les a vus s'élever dans le pied d'une table, en sculpter le plateau, pénétrer dans une caisse placée sur la table et retourner au plancher par un autre pied de la table. Comme ils ont soin de respecter la surface des objets, on ne se doute de pareils dégâts que le jour où l'on vient, par hasard, à détourner de sa position première l'objet attaqué. C'est en 1797 qu'on découvrit pour la première fois les termites à Rochefort, dans une maison depuis longtemps inhabitée. En 1804, ils s'étaient étendus aux maisons voisines, et déjà en 1829 Latreille les signalait comme un fléau dévastateur. Bientôt Saintes et Tonnay-Charente étaient envahis à leur tour et le désastre de la préfecture de la Rochelle ne laisse aucun doute sur la marche envahissante de ces petits travailleurs. M. de Quatrefages, envoyé en mission à la Rochelle, nous a raconté dans ses *Souvenirs d'un naturaliste* ses impressions et ses observations sur la terrible invasion des termites dans cette ville :

« La préfecture et quelques maisons voisines

sont le principal théâtre des ravages exercés par les termites. Ici la prise de possession est complète; dans le jardin on ne saurait planter un piquet ou laisser un morceau de planche sous une plate-bande sans les trouver attaqués vingt-quatre ou quarante-huit heures après. Les tuteurs donnés aux jeunes arbres sont rongés par le pied; les arbres eux-mêmes sont parfois minés jusqu'aux branches. Dans l'hôtel, appartements et bureaux sont également envahis. J'ai vu au plafond d'une chambre à coucher, récemment réparée, des galeries semblables à des stalactites de plusieurs centimètres, qui venaient de s'y montrer le lendemain même du jour où les ouvriers avaient quitté la place. Dans les caves, j'ai retrouvé des galeries pareilles, tantôt à mi-chemin de la voûte au plancher, tantôt collées le long des murs, et arrivant sans doute jusqu'au grenier, car dans le grand escalier, d'autres galeries partaient du rez-de-chaussée et atteignaient le second étage, tantôt s'enfonçant sous le plâtre, quand celui-ci présentait assez d'épaisseur, tantôt reparaissant à nu quand les pierres étaient trop près de la surface. C'est que, pas plus que les autres, le termite de la Rochelle ne travaille à découvert. Une vigilance incessante, parfois le hasard, peuvent seuls mettre sur ses traces et prévenir ses ravages. A l'époque du voyage de M. Audouin, on venait d'en acquérir une preuve curieuse. Un beau jour, les archives du département s'étaient trouvées détruites presque en totalité, et cela sans que le moindre trou ou dégât parût au dehors. Les termites étaient arrivés au carton en minant les boiseries, puis ils avaient tout à leur aise mangé les papiers administratifs, respectant avec le plus grand soin la feuille supérieure et le bord des feuillets, si bien qu'un carton rempli seulement de détritus informes semblait renfermer des liasses en parfait état.

» Les bois les plus durs sont d'ailleurs attaqués de même. J'ai vu dans l'escalier des bureaux, une poutre de chêne dans laquelle un employé, faisant un faux pas, avait enfoncé la main jusqu'au-dessus du poignet. L'intérieur, entièrement formé de cellules abandonnées s'égrenait avec un grattoir, et la couche laissée intacte par les termites n'était guère plus épaisse qu'une feuille de papier. »

Ces observations montrent que les termites se rapprochent à la fois des abeilles et des fourmis.

Les types sociaux des arthropodes se présentent donc avec la même allure générale dans les divers groupes où ils se rencontrent. La fonction de reproduction se localise dans une mère féconde et en même temps l'affection pour les jeunes trouve dans des neutres son maximun de développement.

Considéré dans le cas le plus simple, une semblable société comprend une mère entourée de ses filles infécondes, qui se succèdent pour préparer les berceaux des larves. C'est une association comparable, comme allure extérieure, au troupeau simple des vertébrés; dans les deux cas, la reproduction et la protection des faibles déterminent l'association, mais le but est atteint de deux façons différentes. Dans les vertébrés, le mâle est prépondérant; dans les arthropodes, la femelle devient le centre de la famille et la formation des neutres supprime, avec le besoin de la reproduction, un des mobiles les plus puissants de la lutte pour la vie.

La mère et les ouvrières qu'elle enfante constituent *l'association familiale simple* des arthropodes. Si l'association est annuelle, comme dans les guêpes et les bourdons, tout se borne à ce groupement social. Mais si l'association devient permanente, la multiplication des mères entraîne deux types sociaux différents. Dans un premier cas, chaque association familiale simple, groupée autour d'une mère, essaime et conserve son indépendance, comme c'est le fait des mélipones et des abeilles. Ailleurs, chez les fourmis, les mères restent groupées et des *associations familiales composées* se constituent par cette fusion intime et définitive.

Ainsi, les sociétés des arthropodes se distinguent nettement des associations des vertébrés. Les dispositions anatomiques si différentes dans les centres nerveux permettent de comprendre l'évolution si différente des manifestations psychiques dans les deux embranchements parallèles.

TROISIÈME PARTIE

Les Commensaux et les Parasites

CHAPITRE PREMIER

LE COMMENSALISME.

I. Les formes du commensalisme.

Il est impossible d'aborder l'histoire des sociétés animales sans parler des associations, qui se forment entre individus d'espèces distinctes, si répandues dans la nature et dont les rapports avec ces sociétés sont si étroits.

Ces associations diffèrent des précédentes en ce que les modifications apportées par la division du travail physiologique dans les fonctions des différents individus ne profitent pas à des individus de même espèce, associés, mais servent, suivant des modes très divers, à des individus d'espèces différentes.

Dans ce cas, les espèces ainsi réunies présentent, dans leurs rapports, une série de formes qu'il faut indiquer dès l'abord.

Dans un premier type, ce sont deux amis qui dînent à la même table, contribuant l'un et l'autre à assurer la nourriture ou se rendant de mutuels services pour compenser ceux reçus ou ceux donnés dans tel ou tel but déterminé. Chacun trouve sa part à retirer de l'association et la trouve correspondante à son apport. C'est le mutualisme ou association réciproque entre individus d'espèces distinctes.

Le commensalisme commence là où un des deux amis prend le dessus et ne rend plus à son compagnon des services correspondants à ceux qu'il reçoit. C'est d'abord un invité, puis un invité qui fait le difficile, enfin l'invité s'impose et s'il se contente du superflu du repas, il ne quitte pas la table avant d'être satisfait. Dans tout ceci, le commensal vit aux dépens de l'associé, prenant tout ce qui peut lui être utile, aliments, moyens de locomotion, conditions de protection et partant de sécurité, mais il ne songe pas à demander à son associé de lui fournir, aux dépens de ses sécrétions ou de ses liquides nourriciers, les éléments nécessaires à la réparation de son organisme.

Le parasitisme commence lorsqu'un des associés se fixe sur son hôte pour puiser, à travers son tégument, les sucs dont il fait sa nourriture, ou lorsque cet associé envahit les cavités du corps de son hôte pour y recueillir l'aliment et y trouver la protection favorable à son développement. Le parasite n'use plus, il abuse de son hôte, et ce dernier souffre de cette association non voulue qui se distingue nettement du commensalisme le plus développé. En effet, même lorsque le commensal prend pied dans son hôte, c'est à proximité des orifices extérieurs, et l'hôte sert plutôt de logement que de magasin à provisions. Le parasite, au contraire, s'installe confortablement dans son hôte et il peut pousser son sans-gêne jusqu'à devenir un ennemi capable de tuer à petit feu ou d'assassiner brutalement celui qu'il attaque. Le parasite devient ainsi le larron, l'ennemi, prêt à en arriver aux extrémités les plus redoutables.

Passons en revue quelques cas typiques se rapportant à ces diverses formes d'associations.

II. Les mutualistes.

Profiter des avantages que peut offrir un hôte donné, et rendre en même temps à son hôte les services dont on est capable, tel est le principe des associations mutuelles.

C'est dans ce groupe que rentrent les prétendus parasites qui vivent dans les poils et les plumes des animaux terrestres ou sur le tégument mou ou cuirassé des animaux aquatiques.

La grande famille des ricins doit figurer au premier rang dans ce groupe. Réunis aux insectes parasites qui, comme les poux, ont la bouche conformée pour puiser dans le tégument de leur hôte le sang nourricier, ils s'en distinguent par la disposition même de cette bouche; leur appareil masticatoire est construit pour dilacérer les particules qui se fixent aux poils et aux plumes. Enfouis dans l'épaisse fourrure de l'animal ils y trouvent la protection, la chaleur, la facilité d'être transportés à de grandes distances, mais en même temps, ils font la toilette des poils et des plumes et jouent un rôle important dans l'économie de la fourrure ou du plumage.

C'est comme remplissant un rôle analogue qu'on peut placer parmi les mutualistes, les crustacés parasites, caliges, argules, ancées, pranizes, vivant sur les poissons, et les cyames ou poux de baleine. Ils débarrassent le tégument de l'hôte qui les transporte des sécrétions épaisses et filantes qui s'agglomèrent à la surface du corps, secrétées par les glandes muqueuses.

Ils agissent, par rapport aux animaux hospitaliers, comme agissent dans nos sociétés humaines les plus élevées, les employés préposés au balayage et à l'entretien de nos rues, comme le font, dans les villes et les villages où la salubrité publique est de peu d'importance, les chiens, les chacals ou les vautours, agents actifs de l'épuration. C'est dans ce sens qu'il faut interpréter certains cas de mutualisme. L'hystriobdelle, hirudinée qui vit parmi les œufs suspendus au ventre de la femelle du homard, fait disparaître les œufs et les embryons qui succombent et qui pourraient, en se corrompant, nuire au développement des autres. Une némerte *(Polia involuta)* joue le même rôle pour les œufs du *Cancer mænas* et il semble que l'hydraire décrit par M. Owsjannikoff, parmi les œufs d'esturgeon, remplisse les mêmes fonctions.

Dans quel groupe faut-il ranger les curieuses sociétés que forment le pilote ou le rémora avec le requin? Y a-t-il, comme on l'a prétendu, service rendu par le plus petit au plus gros, et réciproquement par le plus grand au plus petit? Ce que l'on sait d'une façon précise, ce sont les rapports presque obligés de présence entre ces espèces, mais toutes deux semblent se nourrir d'une façon indépendante. Le rémora se fixe au requin par sa ventouse céphalique, comme il se fixe au navire qui passe à sa portée, comme il se fixe à la tortue de mer qu'il permet de capturer en s'y attachant avec force. Mais les fables de pêcheurs ne peuvent nous permettre d'aller plus loin, et de déterminer dans quelle mesure les services sont rendus et reçus dans de semblables associations.

Certaines colonies de siphonophores donnent asile à de petits scombérides qui trouvent au milieu des polypes nourriciers des proies et une alimentation qui leur convient. Blottis au milieu des filaments pêcheurs, ils impriment par le mouvement de leurs nageoires le mouvement à toute la colonie et lui servent ainsi de force impulsive. Il y a bien, dans ce cas, service réciproque. Il semble en être de même pour les moules et les petits crabes ou pinnothères qui les habitent; le crabe trouve la protection entre les valves de la coquille, mais en projetant ses pinces au dehors il saisit des proies dont la moule utilise les déchets pour sa propre alimentation. « C'est le riche, dit Van Beneden, qui s'est installé dans la demeure de l'aveugle et le fait participer aux avantages de sa position. »

III. Les vrais commensaux.

La limite est impossible entre les mutualistes et les commensaux, et le passage se fait par une échelle graduée qui montre, de la part d'un des associés, des services de moins en moins importants rendus à l'autre. De cette façon, le moment arrive où l'un est l'hôte qui reçoit à sa table, ne demandant rien à son invité, tandis que l'autre, désormais l'obligé, profite de l'hospitalité accordée avec plus ou moins de bonne grâce.

C'est dans cette situation inférieure que se complaisent de nombreux types, animaux incapables de lutter par eux-mêmes pour la vie et qui réclament la protection d'un puissant, sortes de serfs auxquels le seigneur jette les reliefs de sa table et qu'il protège par les remparts de sa forteresse. Le commensal peut rester indépendant, s'établissant à proximité de son puissant voisin ; ailleurs, tout en restant libre, il se fixe sur son hôte d'une façon temporaire ou pénètre même dans ses viscères ; ailleurs enfin, il se fixe définitivement sur son hôte, simulant un parasite, mais respectant le tégument de son hôte, qu'il ne perce point comme c'est le cas pour ces derniers.

IV. Le bernard l'ermite et ses associés.

Un exemple du premier type nous est fourni par la curieuse colonie hétérogène qui vit autour d'un bernard l'ermite.

Le bernard l'ermite (fig. 34) est un crustacé

Fig. 34. — Bernard l'ermite.

fort curieux par la peau molle qui recouvre son abdomen. Au lieu d'être protégé comme l'écrevisse par une cuirasse solide, il semble livré sans défense à ses voisins voraces. Cette infériorité lui fait rechercher un étui résistant où il enfonce son abdomen, et il utilise à cet effet une coquille turbinée de buccin, de rocher ou de cérite. C'est, au moment de la marée descendante qu'on le voit, sur la plage de Roscoff, en quête d'une habitation à sa convenance, préférable à celle où il a élu d'abord domicile. Il se traîne à l'aide de ses grandes pattes saillantes, et cherche parmi les coquilles couchées sur le sable celle qui lui présente les dimensions nécessaires à l'établissement confortable de son abdomen : il l'essaye à plusieurs reprises, passe à une autre, revient ; enfin, il s'installe, et abandonne sa première demeure. L'ermite est dans sa grotte et il peut attendre sans crainte ses ennemis, car sa grosse pince forme une porte solide qu'il met en travers de l'orifice lorsqu'il se rentre tout entier dans la coquille qui lui sert de gîte.

Une jolie anémone de mer, l'actinie parasite, étudiée par Dugès, est toujours fixée sur la coquille habitée par le bernard, la bouche tournée vers l'orifice de la coquille. Elle est là, attendant le passage des débris, reliefs des repas du crustacé vorace. L'actinie rend-elle à l'association un service réciproque? la chose est difficile à indiquer. Cependant, les observations de Gosse semblent montrer de la part du bernard une affection véritable pour son commensal. Ce naturaliste a vu un bernard transporter son anémone sur la coquille où il venait de s'installer.

Une annélide, la néréide à deux lignes, recherche, comme l'anémone, la proximité du bernard. Celle-ci, au long corps effilé, pénètre dans le logis du crustacé et s'y installe sans plus de façon. Elle y trouve, sans aucun doute, des substances alimentaires, peut-être dans les déjections qui s'échappent dans la coquille. Moquin-Tandon rappelle qu'en 1861, « il existait au Jardin Zoologique d'acclimatation, un bernard qui avait introduit son abdomen dans une anémone de mer *vivante*. Il la traînait avec lui, bon gré, mal gré, partout où il lui plaisait. L'anémone, quand elle n'était pas trop secouée, étalait paisiblement les rayons de sa collerette, et semblait presque habituée à l'occupation de sa poche digestive. Cependant elle ne mangeait pas ! Les déjections du bernard lui servaient-elles d'aliment ? Comment l'estomac de l'anémone n'exerçait-il aucune action dissolvante sur la queue et sur le ventre du bernard ? Toujours des faits qui embarrassent la science ! »

Le *Pagurus Prideauxii* a les mêmes habitudes, sa coquille de prédilection, son anémone commensale (*Adamsia*); sa néréide ; bien plus, on trouve sur son corps un cirrhipède singulier et une colonie d'hydractinies s'étale gracieusement en tapis épais à côté de l'anémone. C'est toute une basse-cour qui recueille les miettes du puissant voisin.

La dromie porte sur sa carapace un alcyon, vaste colonie de polypes fixés sur l'animal, dès sa première jeunesse, et qui vit là, en compagnie de sertulaires, de corynes et d'algues. La dromie traîne avec elle ces commensaux obligés qui présentent dans ce cas une relation plus étroite avec leur hôte. Ailleurs, c'est un petit palémon qui s'impose à une colonie d'éponges et se laisse enfermer dans le palais de cristal de l'*Euplectella aspergillum* où il trouve protection, et sans doute des conditions favorables pour son alimentation.

Un pas encore, et nous trouvons les commensaux qui, sans plus de façon, s'installent dans la cavité digestive de leur hôte.

Le *Fierasfers* sont, à coup sûr, les plus remarquables commensaux de cette série. Ils sont logés dans le tube digestif des holothuries et prélèvent une large part sur les aliments qui y pénétrent. Une petite murène demande asile à la baudroie et trouve dans son sac branchial une table largement pourvue pour son alimentation. Une anémone de mer (*Actinia crassicornis*), donne de même asile à un poisson, dans sa cavité digestive. Les pronismes se logent dans les salpes, se faisant un radeau transparent de leur tunique et pêchant les animaux qui passent à portée. De nombreux crabes partagent les habitudes du fierasfer et se complaisent dans le tube digestif des holothuries.

Nous ne pouvons songer à passer en revue tous les cas de commensalisme. P.-J. Van Beneden a trouvé dans ces faits matière à un volume auquel nous renvoyons pour de plus grands détails. Mais nous ne voulons pas abandonner ce chapitre sans fixer l'attention sur les commensaux observés dans les sociétés d'insectes.

V. Les commensaux des fourmis et les fourmis commensales.

Les fourmis sont les plus amplement pourvues sous ce rapport. Des Coléoptères se rencontrent fréquemment dans les fourmilières, et beaucoup d'entre eux ne se trouvent que là, constituant des commensaux obligés des fourmis. Il est évident que cette association, pour persister, doit donner des avantages réciproques, car on comprendrait difficilement, dans le cas contraire, la tolérance des fourmis pour des hôtes incommodes. Parmi les coléoptères, le *Claviger* (fig. 35),

Fig. 35. — Le Claviger testacé.

Fig. 36. — La Lomechuse.

et les *Lomechusa* (fig. 36) sont même traités avec égard, soignés, brossés avec les antennes et semblent mériter des soins assidus et de véritables caresses. Or, ces insectes sécrètent une substance sucrée sur de petites touffes de poils spéciaux, et la recherche par les fourmis de semblables liqueurs permet de considérer cette sécrétion comme la cause des caresses qu'on leur prodigue. L'obscurité continuelle des galeries où vit le claviger, et l'influence de cette espèce de domestication l'a considérablement modifié; il est devenu aveugle et incapable de manger lui-même; ses bergers lui donnent la becquée! Cet animal est nourri de miel; il est probable que la sécrétion des poils présente des qualités bien supérieures pour qu'on donne à ces animaux cette précieuse liqueur. Nous débouchons bien nos tonneaux d'eau-de-vie pour gagner en qualité ce que l'évaporation fait disparaître en quantité. C'est du raffinement!

Les autres coléoptères myrmécophiles se nourrissent des détritus qui s'accumulent dans les galeries et servent au balayage et à l'assainissement de la fourmilière. C'est une corporation de chacals et de vautours en miniature qui sont utilisés par les industrieuses fourmis. Mais que penser d'un podure et d'un cloporte, qui vivent au milieu des fourmis en parfaite intelligence, mangeant aux provisions communes, sans rendre aucun service appréciable. Seraient-ce, par hasard, des animaux d'agrément? Ces données nous conduisent à la légion des coléoptères xylophages tolérés dans les fourmilières, comme les vers de bois qui s'attaquent à nos boiseries et à nos charpentes, et que nous laissons au travail sans nous inquiéter de leur présence. Hémiptères, Orthoptères, Hyménoptères, Diptères, donnent ainsi aux fourmis des commensaux dont le rôle est loin d'être bien établi dans la fourmilière.

Mais l'un des plus intéressants chapitres de l'histoire des fourmis est celui des fourmis commensales, espèces petites vivant dans les nids des fourmis plus grandes, conservant dans ces nids leur entière indépendance et y trouvant cependant la protection et peut-être une alimentation provenant des reliefs de la table des grandes.

Une petite fourmi rougeâtre (*Formicoxenus nitidulus*) habite les nids des *Formica rufa* et *pratensis.* Une petite fourmi jaune (*Solenopsis fugax*) s'installe de même dans le nid d'espèces plus grandes. Mac Cook signale de même un petit *Iridomyrmex* dans les nids des *Pogonomyrmex.* Enfin le *Dorymyrmex pyramica* s'établit sans façon dans la grande cour défrichée que prépare près de son nid la fourmi agricole d'Amérique (*Pogonomyrmex barbatus*). En général ces commensaux sont supportés par les propriétaires des fourmilières où ils s'installent. Cependant, lorsque la familiarité dépasse certaines bornes, les commensaux sont expulsés du nid : c'est du moins ce que raconte Mac Cook pour les dernières fourmis dont nous avons parlé. Nous empruntons à André ce récit : « Lors donc que les empiétements des petites fourmis noires ont dépassé toute mesure et lassé la patience du *barbatus*, il tient conseil et leur expulsion est décidée à l'unanimité. Alors, sans démonstrations hostiles, sans colère, une forte escouade d'ouvrières se répand dans la campagne et y recueille une quantité de ces petits grains noirs rejetés par les vers de terre, et qui sont abondants à la surface du sol. Chargées de ces singuliers matériaux, les travailleuses viennent les déposer dans la cour envahie, puis retournent à la recherche d'une nouvelle provision de boulettes. Ainsi ensevelis sous cette avalanche de grains noirs, les *Dorymyrmex* essayent de se frayer un passage et de s'opposer au blocus de leurs demeures, mais la grêle de boulettes tombe toujours et bientôt la situation n'est plus tenable. Les petits envahisseurs se décident alors à déménager avec armes et bagages et les *Pogonomyrmex* rentrent ainsi, sans coup férir, en possession de leur domaine usurpé. »

Si les observations publiées sur les *Solenopsis* sont bien démontrées, ces petites fourmis demanderaient à leurs hôtes non seulement la table et la protection du nid, mais, profitant du manque de surveillance, elles s'attaqueraient aux œufs et aux larves et les emporteraient dans leurs galeries minuscules, où elles ne peuvent être poursuivies par les ouvrières trop grosses. « Ces petits ogres réalisent, dit André, ces monstres fantastiques dont certaines mères imprudentes menacent leurs bébés, et qui seraient, à leur dire, toujours cachés dans quelque coin et prêts à dévorer les petits désobéissants. » Ce sont des commensaux transformés en parasites.

CHAPITRE II

LE PARASITISME.

I. Les associations de parasites.

Le groupe des parasites est nombreux en espèces, mais on ne peut considérer comme des associations vraies la réunion d'un parasite et de l'hôte sur lequel il se fixe. Il s'agit en effet ici d'une union non voulue, c'est un bourreau acharné sur sa proie et il ne peut y avoir aucun lien entre des êtres ainsi réunis. En effet, si la réciprocité était possible elle aboutirait à une lutte acharnée entre l'hôte et le parasite, à la guerre et non point à la concorde qui assure la persistance d'une association. Cependant les parasites nous intéressent en tant qu'ils peuvent former entre eux des sociétés, ou qu'ils peuvent s'attaquer aux sociétés animales que nous avons étudiées.

Les associations de parasites sont toujours des associations indifférentes. Les œufs pondus en grand nombre par le parasite mère trouvent en un point donné les conditions favorables à leur développement; ils s'y fixent, s'y développent et forment des individus multiples entassés sur un même point. C'est de cette façon qu'il faut expliquer les agglomérations d'oxyures et de vers intestinaux divers, sur tel ou tel point du tube digestif. Il en est de même des pucerons et phylloxéras, qui naissent au printemps d'une mère féconde, qui se fixent aussitôt après la naissance et donnent des fils qui se comportent comme eux. De cette façon les générations successives d'individus se massent sur un point donné du végétal en groupes serrés. Certains parasites, comme les tænias, que nous étudierons bientôt, forment de véritables sociétés coloniales.

Le but du parasite, est de se procurer les matériaux alimentaires qui lui sont utiles. Or, si le parasite s'attaque à une association, il peut s'assurer les matériaux alimentaires de façons fort diverses.

Dans un premier cas, il s'empare des provisions préparées par la société.

Dans un second cas, il s'adresse aux individus constituant la société, et ici la gradation est la suivante :

Le parasite s'attaque à l'individu et s'empare, dans son organisme, des liquides nourriciers dont il a besoin, l'obligeant à dégorger les substances absorbées, aspirant à travers le tégument les liquides de l'organisme, ou supprimant l'individu pour faire de la partie assimilable de son corps une proie pour lui ou pour sa progéniture.

Cette action du parasite sur l'individu peut se faire à toutes les phases de son développement; il y a donc des parasites s'attaquant aux œufs, d'autres aux larves, d'autres enfin aux individus à l'état parfait. Telles sont les modalités principales du parasitisme considéré dans ses rapports avec les sociétés animales. Choisissons des exemples des cas les plus frappants.

II. Les parasites des abeilles.

C'est dans les sociétés d'abeilles que les parasites s'attaquant à l'aliment se présentent en plus grand nombre. Les provisions de cire et de miel semblent convier des espèces nombreuses à profiter de ce butin tout préparé.

Au nombre des plus dangereux se place la gallerie de la cire (*Galleria cerella*), Lépidoptère de la famille des crambides qui s'introduit dans les ruches pour y pondre ses œufs. Les petites chenilles qui en sortent sont fort agiles, se creusent des galeries dans la cire et altèrent le miel en faisant effondrer les gâteaux perforés en tout sens. Les abeilles font une chasse active à ces parasites et dans toute ruche forte et bien peuplée les dégâts sont peu de chose, mais dans de vieilles ruches peu vivaces, les chenilles peuvent complètement détruire les gâteaux et rendre la ruche inhabitable. Un petit Hyménoptère, le microgaster, aide les abeilles dans leur œuvre de destruction; il dépose un œuf sous le tégument de la chenille et la petite larve qui en sort dévore les viscères de la chenille. Le sphinx tête de mort, est très friand de miel ainsi que la cétoine du chardon, ils causent de sérieux dommages aux apiculteurs.

La lutte du parasite contre l'individu adulte

peut s'observer aussi dans les sociétés d'abeilles.

Le pou des abeilles (*Braula cæca*) (fig. 37) oblige les abeilles à dégorger le miel dont il se nourrit. L'observation suivante de Lespès ne laisse aucun doute à cet égard. « Campé sur le devant de la tête de l'abeille, le petit parasite se démenait avec une incroyable vivacité et comme en proie à une véritable fureur. Tantôt il se portait sur le bord libre du chaperon, et de ses pattes antérieures relevées, il frappait et grattait, aussi rudement que sa faiblesse le comportait, la base du labre de l'abeille, puis il reculait brusquement vers l'insertion des antennes pour reprendre aussitôt son impétueuse agression. J'étais encore tout entier à la surprise du premier instant, quand je vis subitement toute cette colère calmée, et le petit animal appliqué contre le rebord du chaperon, la tête baissée sur la bouche légèrement frémissante de l'abeille, y humer une gouttelette liquide.

Fig. 37. — Le braula aveugle.

« Je compris aussitôt. La manœuvre dont j'avais été témoin d'abord était le préliminaire du repas. Quand le pou veut manger, il se porte vers la bouche de l'abeille où l'agitation de ses pattes munies d'ongles crochus produit une titillation désagréable peut-être, tout au moins une excitation des organes buccaux, qui se déploient un peu au dehors et dégorgent une gouttelette de miel que le pou vient lécher et absorber aussitôt. »

La régurgitation du miel, si naturelle chez les abeilles, se trouve ainsi provoquée et le parasite utilise l'aliment destiné aux jeunes et aux gâteaux de la société.

III. Les parasites des sociétés.

Que les vertébrés soient indépendants ou groupés en associations plus ou moins complexes, les individus sont atteints par de nombreux parasites, qui puisent sous leur tégument le sang nourricier ou trouvent dans leur intestin les substances alimentaires dont ils profitent. Il suffit de signaler parmi les premiers les sangsues, les cousins, les taons, les punaises, les puces, les poux et même d'autres vertébrés, comme les vampires, pour énumérer les principaux de ces tireurs de sang, et de noter pour les seconds le grand groupe des vers intestinaux, trématodes, cestodes, nématodes. Ces parasites attaquent l'individu, mais rarement ils l'anéantissent, et, comme tels, leur action sur la société est absolument secondaire et ils sortent du cadre que nous nous sommes tracé.

La suppression de l'individu est, au contraire, très préjudiciable à la société, puisqu'elle anéantit des forces vives et utiles à l'ensemble. Dès lors, le parasite est un brigand qui tue pour se nourrir du corps de ses victimes ou qui destine ses proies à la nourriture de ses jeunes.

Beaucoup d'édentés, d'insectivores, des oiseaux nombreux s'acharnent contre les sociétés d'abeilles, de fourmis, de termites; les carnassiers attaquent les troupeaux d'herbivores, et il faut considérer ces carnages comme dus à de vrais parasites et les sociétés s'écroulent devant ces attaques brutales. Dans le monde des insectes, que de brigands qui qui attendent des proies faciles et imprévoyantes. L'abeille qui revient à la ruche le jabot gorgé de miel est attaquée par la guêpe qui la coupe en deux et emporte à son nid l'abdomen succulent de sa victime. Ailleurs, c'est le philanthe qui fond sur l'abeille, la perce de son aiguillon et l'emporte dans ses galeries pour servir à la nourriture des jeunes. Trois ou quatre abeilles sont entassées dans chaque cellule, paralysées, attendant l'éclosion de l'œuf pondu sur l'une d'elles; elles serviront d'aliments à la larve.

IV. Le sitaris et ses métamorphoses.

Dans tous ces cas, l'attaque est brutale, l'individu supprimé après une lutte où l'assassin peut succomber sous les coups de celui qui devait être victime, mais il y a toute une série de faits de parasitisme clandestin qui aboutit, par une voie détournée, à des résultats identiques. Ces parasites cachés, agissant à l'ombre, poursuivent leur œuvre de mort en multipliant les moyens pour arriver sûrement au but. Fabre, dans sa remarquable étude sur les Hyménoptères, a fixé l'attention des naturalistes sur ce groupe par lequel nous terminerons ce chapitre. L'éminent naturaliste a fait connaître, dans ses moindres détails, l'histoire des parasites de l'anthophore. Cette abeille n'est point comprise parmi les Hyménoptères sociaux, cependant elle forme de véritables associations où les femelles travaillent chacune à leurs cellules particulières et nous nous adresserons à elle parce que les conclusions du travail de Fabre jettent une vive lumière sur tout le groupe, et permettent de prendre une idée précise de la vie parasitaire et de ses modalités diverses.

L'anthophore femelle, comme toutes les abeilles, construit des cellules. Elle choisit un talus de terre meuble, bien exposé au midi et y creuse un long cylindre. La terre est ramollie avec un peu d'eau dégorgée et les particules de terre sont arrachées une à une à l'aide des mandibules. Au fond du corridor sont creusées les cellules. Chacune d'elles est approvisionnée de pollen pétri dans du miel, un œuf est déposé sur cette couche nutritive et un couvercle est maçonné qui la ferme hermétiquement. Tout cela se passe au printemps; l'œuf va éclore, donner la larve et la nymphe, mais ce n'est qu'au printemps suivant que les antophores issus de cette ponte prendront leur essor. Or, au printemps suivant, sur 150 œufs pondus, c'est à peine si 55 anthophores sortiront des cellules, ainsi que l'a démontré J. Pérez. Sur les cellules non productives, 43 contiennent des individus arrêtés dans leur développement ou morts avant l'éclosion; les 51 cellules restantes ont donné des parasites.

Les espèces parasites qui attaquent les anthophores sont nombreuses. Ce sont les mélectes, les cœlioxys, les anthrax, les monodontomerus, les mellitobia et les sitaris.

Les mélectes et les cœlioxys appartiennent à la série des abeilles parasites : incapables de faire des cellules et de récolter le miel, elles font comme le coucou et déposent leurs œufs dans les cellules de l'anthophore. Elles profitent de l'éloignement de l'anthophore pour se glisser vers les cellules et déposer l'œuf qui anéantira la provision et la larve de l'anthophore.

Les anthrax sont des Diptères dont les larves vivent aussi aux dépens de la larve de l'anthophore. La nymphe provenant de la larve de l'anthrax est munie d'un boutoir armé de six robustes épines qui lui permettent de fouiller la terre et d'arriver à la surface du talus. Là l'insecte parfait rompt sa coque et prend son vol.

Le monodontomerus est muni d'une longue tarière qui lui permet de perforer le couvercle des cellules et de pondre sur la larve vingt à trente œufs qui éclosent et donnent de petites larves qui dévorent celles de l'anthophore. Un petit trou de la grosseur d'une pointe d'épingle livre passage aux insectes parfaits.

Comme l'insecte précédent, la mellitobia appartient à la série des chalcidiens. Ces petites mouches lentes, minces comme un fil, traversent, à force de travail, l'épaisse carapace des cellules de l'antophore et pondent leurs œufs microscopiques sur les larves. Les petits vers sortis de ces œufs dévorent la larve et se métamorphosent en nymphes. Ces nymphes donnent, les premières écloses des mâles aptères et aveugles, les suivantes des femelles ailées. Après l'accouplement les mâles meurent et les femelles percent de leurs mandibules la paroi pour prendre leur vol au dehors.

Le sitaris (fig. 38) est un Coléoptère de la série des meloés. Les sitaris éclosent en septembre et s'accouplent aussitôt. La femelle pond alors, à l'entrée

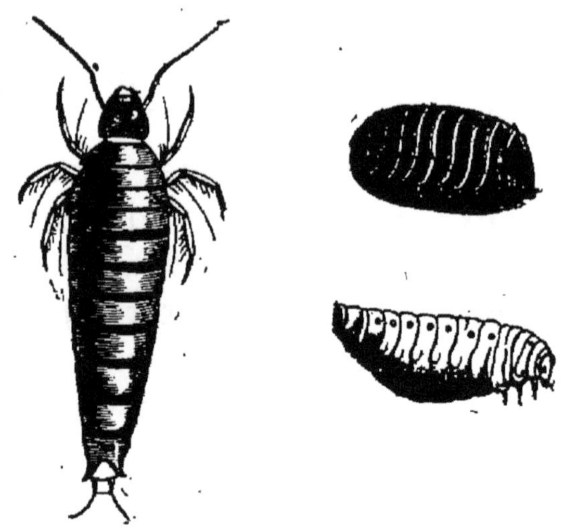

Fig. 38. — Le sitaris.

des galeries des anthophores, des masses qui comprennent environ deux mille œufs. Un mois après, l'éclosion a lieu et de petites larves noires, d'un millimètre de longueur, serrées les unes contre les autres, occupent la place des œufs. Ces petites larves vont passer l'hiver dans cette position et ne manifestent qu'au printemps leur désir de changer de place. Elles sont agiles, à antennes munies d'un long cirrhe, à pattes munies d'un ongle puissant; une espèce de pince à deux mors occupe la face inférieure du huitième anneau abdominal, deux cirrhes terminent l'abdomen.

Ces larves attendent l'éclosion des anthophores, qui n'arrive qu'au mois d'avril suivant. Les mâles d'anthophores éclosent les premiers et, frôlant en sortant la paroi de la galerie, rencontrent les larves qui se fixent aux poils de leur fourrure. Ces larves ne sont point des parasites de l'insecte adulte; elles utilisent simplement les mâles comme moyen de transport. En effet, au moment de l'accouplement, elles passent des mâles sur les femelles et se préparent à de nouvelles transmigrations.

C'est au moment où l'anthophore femelle pond l'œuf dans la cellule approvisionnée que la jeune larve se fixe sur l'œuf et s'installe sur ce radeau qui va la nourrir. En effet, avec ses mandibules, elle rompt la coque et dévore le contenu; elle est devenue parasite. Elle grandit, s'arrondit; puis son tégument se fend et une seconde forme de larve succède à la première. Celle-ci, plus molle, plus lente, va absorber le miel destiné à la larve d'anthophore. Quand la provision est épuisée, elle devient immobile, sa peau transparente se détache d'un tégument profond qui limite une sorte de nymphe immobile, la pseudo-chrysalide.

La pseudo-chrysalide, en général, passe l'hiver et reste immobile jusqu'au mois de juin de l'année suivante; quelquefois la succession des métamorphoses se poursuit dans la même année.

Le réveil de la pseudo-chrysalide se marque par la séparation des téguments cornés des parties profondes; c'est un nouveau changement de peau et une larve mobile s'agite dans le tégument de la pseudo-chrysalide transformée; elle se retourne dans sa coque malgré son exiguïté et profite des courts instants de mouvement dont elle dispose, car, au bout de deux jours, elle devient immobile et cet état dure quatre à cinq semaines.

La peau de la larve se fend sur le dos et la chrysalide, avec l'apparence d'un insecte adulte au maillot, s'échappe toute formée. Un mois après, en août, les sitaris adultes éclosent et s'accouplent.

Ainsi se succèdent, dans le développement du sitaris, une larve primaire, une larve secondaire, une pseudo-nymphe, une larve tertiaire, une nymphe, donnant l'insecte parfait. Il est intéressant de suivre les migrations de la larve primaire et nous ne saurions trop recommander de lire les pages palpitantes d'émotion où H. Fabre a consigné ses impressions de naturaliste et les minutieuses investigations qui l'ont amené à démontrer ces importants résultats.

V. Le coucou.

Un des parasites les plus étranges est à coup sûr notre coucou indigène (*Cuculus canorus*). L'étude d'espèces intermédiaires exotiques doit former une introduction à l'étude de ces mœurs si spéciales parmi les vertébrés.

Hudson a fait connaître trois espèces américaines du genre *Molothrus* chez lesquels on observe des habitudes parasites qui présentent des gradations intéressantes dans la perfection de leurs instincts. Darwin présente les passages principaux des recherches de cet excellent observateur :

« Les *Molothrus badius* des deux sexes vivent quelquefois en bandes dans la promiscuité la plus absolue, ou ils s'accouplent quelquefois. Tantôt ils construisent un nid particulier, tantôt ils s'emparent de celui d'un autre oiseau, en jetant dehors la couvée qu'il contient, et y pondent leurs œufs ou construisent bizarrement à son sommet un nid à leur usage. Ils couvent ordinairement leurs œufs et élèvent leurs jeunes; mais M. Hudson dit qu'à l'occasion, ils sont probablement parasites, car il a observé des jeunes de cette espèce accompagnant des oiseaux adultes d'une autre espèce et criant pour que ceux-ci leur donnent des aliments.

» Les habitudes parasites d'une autre espèce de *Molothrus*, le *Molothrus bonariensis*, sont beaucoup plus développées, sans être cependant parfaites. Celui-ci, autant qu'on peut le savoir, pond invariablement dans des nids étrangers. Fait curieux : plusieurs se réunissent quelquefois pour commencer la construction d'un nid irrégulier et mal conditionné, placé dans des conditions singulièrement mal choisies, sur les feuilles d'un chardon, par exemple. Toutefois, autant que M. Hudson a pu s'en assurer, ils n'achèvent jamais leur nid. Ils pondent souvent un si grand nombre d'œufs — de quinze à vingt — dans le même nid étranger, qu'il n'en peut éclore qu'un petit nombre. Ils ont de plus l'habitude extraordinaire de crever à coups de bec les œufs qu'ils trouvent dans les nids étrangers, sans épargner même ceux de leur propre espèce.

Les femelles déposent aussi sur le sol beaucoup d'œufs qui se trouvent perdus.

» Une troisième espèce, le *Molothrus pecoris*, de l'Amérique du Nord, a acquis des instincts aussi parfaits que ceux du coucou, en ce qu'il ne pond qu'un œuf dans un nid étranger, ce qui assure l'élevage du jeune oiseau. »

Les espèces australiennes observées par Ramsay pondent aussi dans les nids d'autres oiseaux.

Le coucou d'Amérique (*Coccygus americanus*) fait un nid et y dépose ses œufs et les couve. Les œufs sont pondus à deux ou trois jours d'intervalle et il se produit une série d'éclosions successives, en sorte que le nid contient à la fois des jeunes et des œufs. Mais, occasionnellement, cet oiseau dépose ses œufs dans les nids d'autres oiseaux.

Le coucou doré de l'Afrique méridionale (*Chrysococcyx chalcites*) dépose son œuf dans le nid d'un oiseau insectivore.

Mais c'est surtout dans le coucou gris d'Europe (*Cuculus canorus*) que s'accentuent les caractères du parasitisme que les observations de nombreux naturalistes rendent précis et certains. Dès 1785, Jenner publiait dans les *Transactions philosophiques* un rapport sur la curieuse observation qu'il venait de faire et que nous empruntons à la traduction du livre de Romanes : « Il y a plusieurs espèces de petits oiseaux dont le nid plaît au coucou. Je lui ai vu confier ses œufs à la fauvette d'hiver, à la bergeronnette, à l'alouette des prés, au bruant, au verdier et au tarier. D'habitude, il préfère les trois premiers, mais c'est la fauvette qu'il estime le plus... Quand la fauvette, après avoir couvé le nombre de jours voulu a fait éclore l'œuf du coucou (celui-ci est généralement le premier à éclore), le nid ne tarde pas à être débarrassé du reste de son contenu, œufs et oisillons. Le jeune tyran ne tue pas ses frères de lait pas plus qu'il ne brise les œufs avant de les expulser ; il les laisse périr sur les branches où ils restent accrochés ou à terre, au-dessous du nid.

» Le 18 juin 1787, j'inspectai le nid d'une fauvette d'hiver qui se trouvait contenir quatre œufs, dont un de coucou. Le jour suivant, je m'aperçus que l'éclosion avait eu lieu, mais qu'il n'y avait au nid qu'une seule jeune fauvette et le coucou. Comme d'ailleurs, la nature du lieu se prêtait à l'observation, je continuai à regarder et, à mon grand étonnement, je vis le jeune coucou, si récemment éclos, se mettre en devoir de faire vider la place à sa compagne.

» Sa manière de s'y prendre était fort curieuse. A l'aide de son croupion et de ses ailes, il se mit la fauvette sur le dos, la maintint en place en élevant les coudes, et gravit à reculons la paroi du nid. Arrivé en haut, il prit un temps de repos, puis, rassemblant ses forces en un soubresaut, il lança son fardeau de manière à le dégager complètement du nid. Puis, après être resté quelque temps à tâtonner du bout de ses ailes, comme pour s'assurer qu'il s'était bien acquitté de sa besogne, il se laisse glisser dans le nid.

» J'ai souvent eu l'occasion de constater que le bout des ailes est pour les jeunes coucous une sorte de main avec laquelle ils examinent un œuf ou un oisillon avant de se mettre à l'œuvre, et dont la sensibilité paraît suppléer à la vue qui leur manque encore. J'ai également, à plusieurs reprises, mis un œuf dans différents nids contenant un jeune coucou, et, chaque fois, j'ai vu le petit animal manœuvrer d'une façon analogue à celle qui vient d'être décrite. Souvent, en grimpant sur le bord du nid, il lui arrive de laisser retomber son fardeau ; mais il ne se laisse pas rebuter et recommence jusqu'à réussite complète. Ce qui est curieux, c'est de voir la manière dont il se démène lorsqu'on lui adjoint un jeune oiseau dont le poids est au-dessus de ses forces, c'est l'inquiétude et l'agitation personnifiées.

» Au bout de deux à trois jours, cette tendance à éliminer ses compagnons commence à diminuer et disparaît entièrement, à ce qu'il semble, au bout de douze jours. Même avant cette époque, il semble tolérer la présence d'œufs dans le nid, car j'ai souvent vu un jeune coucou, éclos depuis neuf ou dix jours, rejeter un oisillon placé dans son nid, en même temps que d'un œuf, il ne s'offusquait pas.

» Sa forme singulière se prête, du reste, à ces manœuvres : à l'encontre des oiseaux, lorsqu'ils viennent d'éclore, il a le dos très large à partir des omoplates, et muni vers le milieu d'un creux considérable, qui semble destiné à recevoir l'œuf ou l'oiseau qu'il cherche à éliminer...

» 27 juin 1787. — Ce matin, deux coucous et une fauvette d'hiver vinrent au monde dans le même nid; il restait un œuf encore intact. Quelques heures après, les deux coucous commencèrent à se disputer la possession du nid; la lutte, longtemps indécise, finit par se terminer en faveur du plus gros, qui mit à la porte l'œuf et la jeune fauvette, aussi bien que son adversaire. Rien de curieux comme de voir ces deux oiseaux aux prises; tantôt l'un, tantôt l'autre, réussissait à pousser son rival jusque vers le bord du nid, pour fléchir au dernier moment sous le poids et retomber; ce ne fut qu'après maints efforts que la victoire resta au plus fort, qui devint, dès lors, l'unique nourrisson des fauvettes. »

Ces communications si intéressantes laissaient peu à découvrir aux naturalistes qui se sont occupés depuis, des mœurs de cet oiseau indigène. Mais la confirmation de cet instinct si spécial est faite, et il nous reste à rechercher une explication plausible de cette habitude qui entraîne chez les jeunes un genre de vie si insolite.

Pour Jenner, ces mœurs singulières sont le résultat du peu de temps que l'oiseau a à passer dans la région où il doit se propager. Il a un devoir à remplir, assurer la multiplication des individus de l'espèce, et cependant, il séjourne à peine trois mois, c'est-à-dire un temps insuffisant pour mener à bien une couvée régulière : « Son œuf n'est guère prêt à couver que vers le milieu de mai, et l'incubation exige une quinzaine de jours. Le jeune oiseau séjourne d'habitude trois semaines avant de voler, et, après cela ses père et mère nourriciers continuent à le nourrir au moins cinq semaines. Par conséquent, même dans le cas d'une ponte anticipée, un jeune coucou ne saurait être arrivé à se suffire avant que ses parents, poussés par leur instinct, se missent en voyage. » L'intervalle de plusieurs jours que le coucou met entre la ponte de chaque œuf ne peut être considéré comme une cause de la ponte successive du coucou dans des nids d'oiseaux différents, depuis que le Dr Merrel a donné sur le coucou d'Amérique les détails que nous avons rapportés.

Adolf Müller rapporte que notre coucou indigène, dans la plupart des cas parasite, peut parfois « déposer ses œufs sur le sol, à nu, couver ses œufs et élever ses petits ». Ce fait étrange est pour Darwin un retour à l'intinct primitif. Pour le grand transformiste, l'instinct actuel est acquis, il a pour cause un avantage réel obtenu tant pour l'adulte qui peut émigrer plus tôt, que pour le jeune qui trouve de meilleurs soins et une plus grande vigueur, étant le seul hôte de ses parents adoptifs. Les petits ont hérité de l'habitude accidentelle de leur mère et « cette habitude longtemps continuée a fini par amener l'instinct bizarre du coucou ».

Comme le coucou, l'autruche africaine pond ses œufs à de grands intervalles. De là, l'instinct spécial observé chez cet oiseau. Les femelles se réunissent, font un premier nid et y déposent en commun une première série d'œufs que couve un mâle, puis un second nid est construit, puis un troisième, où les œufs sont pondus encore et confiés à un autre mâle. Il est intéressant de noter que l'autruche américaine, où le même instinct s'observe, dispose un grand nombre d'œufs dans la plaine, comme les *Molothrus bonariensis*. Chez les autruches, il y a donc une espèce de parasitisme entre individus de la même espèce : c'est un passage au cas ordinaire observé chez les oiseaux.

Nous terminons ici l'histoire des parasites prêts à fondre sur les êtres insouciants qui se prêtent à leurs cruelles déprédations. C'est la grande lutte pour l'existence avec ses formes multiples et son implacable énergie !

QUATRIEME PARTIE

Les Sociétés Coloniales

CHAPITRE PREMIER

LES COLONIES DES TUNICIERS ET DES BRYOZOAIRES.

En dehors des vertébrés et des insectes, c'est-à-dire dans tous les autres embranchements des Métazoaires, la tendance à la formation de sociétés se manifeste d'une façon toute différente. Il n'y a plus un groupement social où chaque individu conserve son indépendance indiscutée dans l'association, mais des modifications organiques entraînent l'établissement de groupements où chaque individu se soude d'une façon plus ou moins complète à ses voisins. D'où le nom de *colonies*, par lequel nous caractérisons cet ordre de manifestations sociales.

Les colonies ainsi constituées se présentent sous deux aspects différents. Dans les unes, les individus composants sont disposés en masses régulières ou irrégulières ; dans les autres, les individus sont soudés bout à bout et affectent une disposition linéaire bien caractérisée.

Les colonies massives ou radiaires se rencontrent dans les Tuniciers, les Molluscoïdes, les

Échinodernes et les Cœlentérés ; les colonies linéaires sont propres à l'embranchement des Vers, des Mollusques, des Arthropodes et des Vertébres.

La formation des colonies qui nous occupent est en rapport avec un procédé particulier de genèse des individus qui permet le maintien des rapports étroits entre l'individu mère et les individus fils qui en proviennent. Les individus qui persistent accolés pour constituer la colonie sont formés par bourgeonnement. De cette façon, un être sortant d'un œuf, oozoïte, bourgeonne ; ces bourgeons deviennent des individus semblables à lui, blastozoïtes, et si ces derniers restent en rapport constant avec l'individu mère, ils forment une colonie.

I. Les ascidies sociales et les ascidies composées.

Les Tuniciers ont comme représentants les plus différenciés la série des Ascidies. Dans cette série, on observe des espèces qui, comme la Molgule, restent toujours indépendantes ; ce sont les Ascidies *simples*. Mais, dans les genres claveline et pérophore, on voit se manifester une tendance au bourgeonnement ; les bourgeons deviennent des Ascidies parfaites. Cependant chacune de ces Ascidies filles ou blastozoïdes restent attachées à l'ensemble par un long pédicelle où passent des anastomoses vasculaires et les bouquets d'Ascidies ainsi formés, dans les clavelines (fig. 39) par exemple, se rattachent à une première manifestation coloniale; on donne à ces espèces le nom d'Ascidies *sociales*. C'est aux Ascidies que se rapportent les Botrylles si fréquents sur les grèves de Roscoff. Ces Botrylles (fig. 40) sont réunis en colonies et s'étalent en croûtes épaisses sur les algues et les rochers. Ici les individus perdent leur indépendance plus complètement que dans le cas précédent; ils se réunissent en nombre variable et se disposent radialement de façon à

Fig. 39. — Claveline.

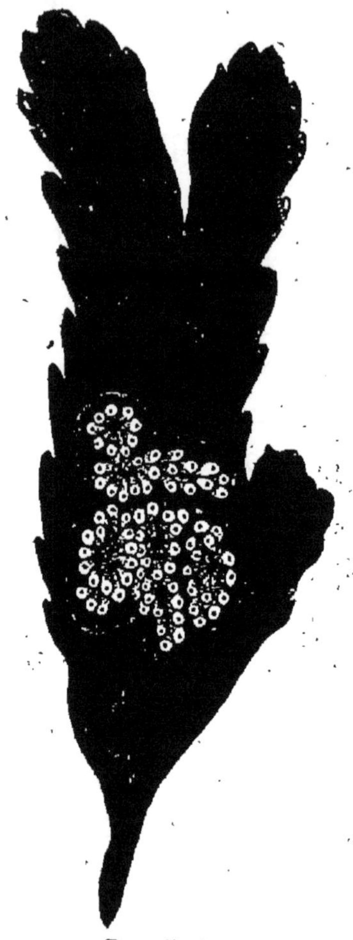

Fig. 40. — Botrylle blanchâtre.

réunir au centre de l'étoile l'orifice cloacal de chacun d'eux; il existe donc au centre de chaque étoile ainsi constituée un orifice commun qui met les différents individus dans une relation fort étroite, en ce qui concerne l'expulsion des substances excrétées. Les diverses étoiles d'une colonie sont reliées par des canaux et le tout est enfermé dans la croûte épaisse qui l'englobe. De telles Ascidies sont dites *composées*.

II. Les salpes et la génération alternante.

A côté des Ascidies se placent les Salpes, chez lesquelles la vie coloniale est bien développée et se présente avec des caractères qui doivent fixer notre attention. On avait autrefois divisé les Salpes en *Salpes solitaires* (fig. 41) et *Salpes agrégées* (fig. 42) et les caractères différentiels entre *Salpa democratica* Forskal, appartenant au premier groupe, et *Salpa mucronata* Forskal, appartenant au second, semblaient tels qu'aucun lien de parenté ne pouvait relier ces formes si distinctes. Il était réservé au poète Chamisso de mettre en lumière, pendant l'expédition du capitaine Kotzebue, les relations entre ces formes considérées comme des espèces différentes. Une Salpe solitaire porte dans la région postérieure du corps un filament contourné. Ce filament s'accroît et donne une chaine de Salpes de la forme agrégée. Les Salpes agrégées ne donnent pas par bourgeonnement de nouvelles chaînes; elles donnent un œuf d'où sort un individu solitaire, seul capable de devenir le point de départ d'une colonie nouvelle.

Les Pyrosomes tirent leur nom de la phosphorescence qu'ils produisent. Ce sont des colonies massives de petites Salpes transparentes qui nagent avec rapidité en haute mer. Ici l'individualité de la colonie est poussée plus loin que chez les Salpes et les observations des naturalistes autori-

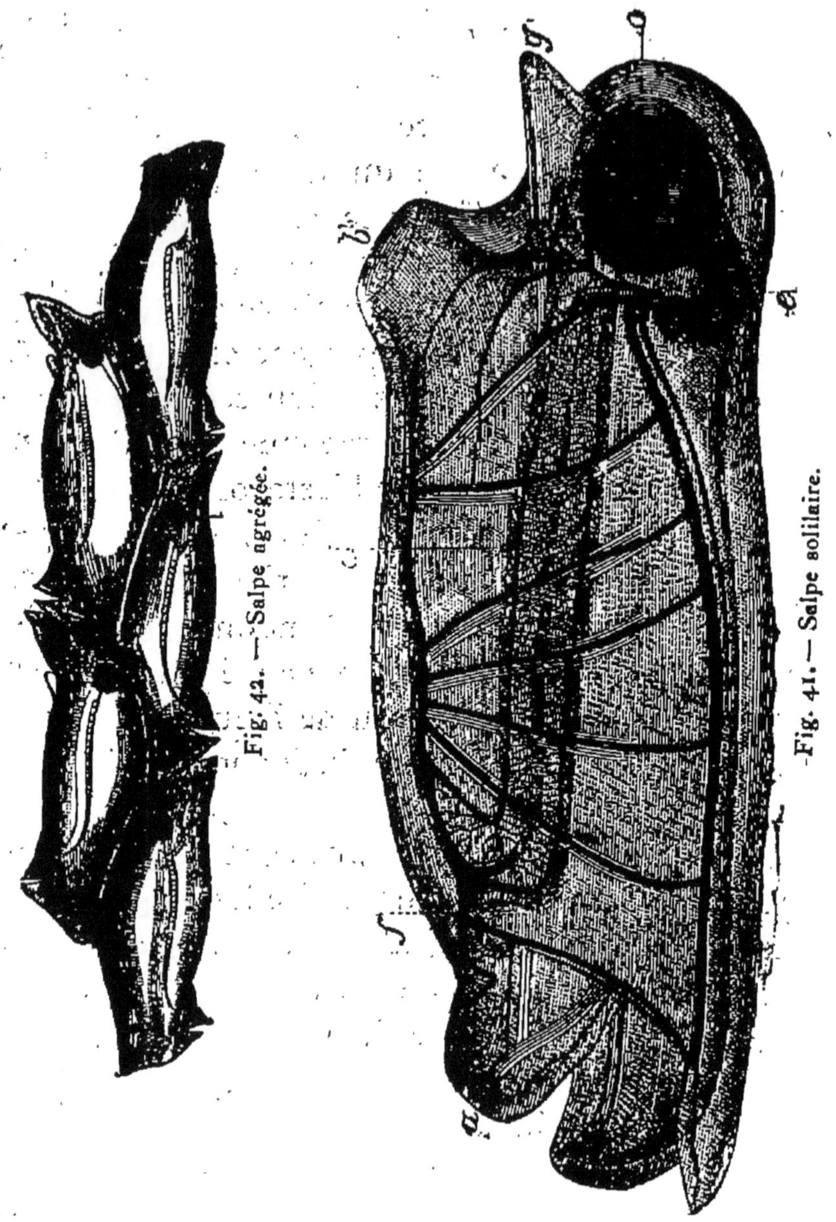

Fig. 42. — Salpe agrégée.

Fig. 41. — Salpe solitaire.

sent à admettre entre les individus des connexions vasculaires, musculaires et nerveuses fort étroites.

Si les Salpes solitaires donnent des chaînes de Salpes agrégées d'où sortent des Salpes solitaires, présentant une alternance de formes des plus régulières, il n'en est pas de même, au premier abord, chez les Pyrosomes où l'on voit sortir de l'œuf le rudiment d'une colonie nouvelle. Cependant l'étude approfondie du développement de l'œuf chez ces animaux fait cesser ce semblant de différence. L'œuf se transforme en un premier embryon, véritable oozoïte, mais celui-ci, au lieu de poursuivre son développement et de devenir libre pour constituer un individu solitaire, reste enfermé dans l'œuf et bourgeonne pour donner une petite chaine de quatre blastozoïtes. Lorsque ces bourgeons sont devenus des individus développés, l'oozoïte initial se résorbe et disparaît, aussi est-ce une colonie qui abandonne l'œuf lors de l'éclosion. Mais cette colonie a été précédée par un individu transitoire, issu de l'œuf, qui représente, réduite au minimum, la forme solitaire des Salpes.

Cette marche du développement de l'œuf du Pyrosome permet de comprendre les cas si divers que présentent à ce point de vue les Ascidies sociales et composées. En effet, tantôt on voit sortir de l'œuf un embryon qui, ayant la forme d'un têtard, se fixe, bourgeonne et devient le centre de la colonie nouvelle ; ailleurs, le têtard quitte l'œuf emportant avec lui les bourgeons initiaux de la colonie ; ailleurs, enfin, le têtard évolue sous les membranes de l'œuf, y devient ascidie, bourgeonne et c'est une colonie qui s'échappe de l'œuf. Comme dans les Pyrosomes, l'oozoïte initial peut même se résorber et ne plus sortir de l'œuf. Cette tendance à la résorption s'affirme d'une façon différente dans les Ascidies composées. Ainsi chez les Botrylles, le têtard sorti de l'œuf disparaît après avoir produit par bourgeonnement un individu nouveau; celui-ci disparaît à son tour après avoir donné deux bourgeons latéraux; ces bourgeons de troisième génération disparaîtront à leur tour et les individus initiaux définitifs de la colonie, issus par bourgeonnement de ces derniers, se trouvent être de quatrième génération dans le cycle du développement.

III. Les Bryozoaires.

Les colonies des Bryozoaires se rapprochent, dans leur allure générale, de celles que nous venons d'étudier. Elles ont été comparées par les anciens naturalistes à des touffes de mousses d'où l'origine du nom donné à ces animaux. L'individu diffère en tous points de l'individu ascidien, mais dans leurs groupements sociaux, une même tendance se manifeste. Un Bryozoaire typique et complet est formé par une partie basilaire en forme de sac — la loge ou zoécie — surmontée par un tube rétractile qui constitue le polypide. Le polypide se termine par une couronne de tentacules et contient un tube digestif en anse à deux orifices. Un ruban ou funicule rattache ce tube au fond de la loge et constitue un centre formateur d'où proviennent les organes reproducteurs. Ce qu'il y a de particulier dans l'histoire du Bryozoaire, c'est la vitalité de la partie inférieure de l'individu ou loge qui peut produire un plus ou moins grand nombre de têtes ou polypides. S'il n'y a production que d'un seul polypide, comme dans les Pedicellines, on a devant les yeux la forme typique, mais si la faculté de bourgeonnement s'accentue, l'individu bryozoaire se complique, puisque sur sa partie inférieure ou zoécie s'élèvent deux ou plusieurs polypides comme dans les Alcyonelles et les Plumatelles; dans le plus grand nombre des cas, la faculté de bourgeonnement se manifeste par des poussées successives et les polypides apparaissent successivement, jouant leur rôle nourricier et se résorbant en passant par l'état de *corps bruns*. Quelles que soient les conditions spéciales de ce bourgeonnement de polypides, un moment arrive où le funicule de la loge donne des œufs et des spermatozoïdes et où l'œuf fécondé devient un embryon cilié.

Jolyet a fixé la façon ingénieuse dont la fécondation est assurée dans les Bryozoaires et nous ne pouvons que renvoyer à son intéressant travail pour ce sujet qui sort de notre cadre.

La larve provenant de l'œuf représente une zoécie limitée par une couronne de cils vibratils et portant le premier polypide nourricier et moteur muni déjà d'un tube digestif compliqué. La larve se fixe et le polypide initial se flétrit pour faire place à un nouveau polypide nourricier qui couronne bientôt la loge. C'est par bourgeonnement de la zoécie que se forment les loges latérales qui se couvrent de polypides et l'ensemble constitue la colonie.

Dans beaucoup de Bryozoaires d'eau douce, les parois des zoécies restent molles et communiquent entre elles par un système vasculaire ramifié, mais dans la plupart des Bryozoaires marins, la paroi de la zoécie s'incruste de calcaire et forme des calices dont l'orifice est orné de prolongements de formes variées. La façon dont se disposent les

Fig. 43. — Cristatella.

calices en tiges arborescentes, en lames membraneuses, en verticilles variés, en masses perforées comme de la dentelle, permettent la classification de ces curieuses colonies et la détermination des espèces qui les forment.

Nous ne pouvons quitter les Bryozoaires sans fixer l'attention sur la tendance que présentent, dans certaines espèces, les individus à se modifier pour répondre à un but spécial. C'est à des individus modifiés que se rapportent les *avicu-*

laires et les *vibraculaires*; les premiers, devenus individus préhenseurs, réduits à leurs muscles mettant en mouvement deux valves calcaires, comparables à un bec d'oiseau; les seconds, étirés en fouet, pour remplir une fonction difficile à définir. C'est à cet ordre de transformation que se rapportent les polypides rudimentaires ayant pour fonction de porter l'œuf à l'orifice de la loge pour la fécondation.

Je ne parle pas du système nerveux colonial; les expériences de Jolyet en ont fait justice; cependant il faut admettre que, dans les colonies capables de mouvements d'ensemble, comme celles de *Cristatella mucedo* (fig. 43), il peut exister des connexions spéciales entre les divers individus de la colonie.

CHAPITRE II

LES POLYPES ET LES POLYPIERS.

I. L'hydre d'eau douce et les polypes hydraires.

Avec les Cœlentérés, la vie coloniale atteint son plus grand développement et s'affirme avec des modifications du plus haut intérêt; nous en suivons les stades successifs en commençant par la série des hydraires.

L'hydre d'eau douce (fig. 44) est le type le plus simple du groupe. C'est un petit sac allongé s'ouvrant au dehors par un seul orifice entouré de tentacules qui servent à capturer les proies passant à leur portée. Ces proies sont de petits crustacés, des cyclops et des daphnies qui sont digérés à l'intérieur du sac et rejetés par l'orifice unique qui sert ainsi de bouche et d'anus.

L'hydre produit des œufs qui évoluent après la fécondation pour donner des hydres nouvelles, mais l'hydre jouit en même temps de la multiplication par bourgeonnement. Des intumescences apparaissent sur les flancs de l'hydre mère, chaque intumescence s'allonge en un bourgeon qui se perce d'un orifice, pousse des tentacules et devient une hydre nouvelle. Si les conditions sont favorables, la nourriture abondante, les bourgeons restent longtemps attachés à la mère et peuvent même bourgeonner à leur tour sur place, en sorte que la mère porte à la fois ses fils et ses petits-fils. Dans ces conditions on a sous les yeux une véritable colonie, mais colonie fugace, prête à se désagréger si le milieu n'est plus en rapport avec les nécessités de l'alimentation. Dans une eau peu pourvue de cyclops, les bourgeons se pincent à la base et se séparent de la mère dès qu'ils sont capables de capturer leur proie; dans ce cas, il n'y a plus de colonie à proprement parler, puisque les adultes se séparent pour mener chacun une vie indépendante. Il n'y a donc pas colonie nécessaire dans le cas de l'hydre d'eau douce.

Près des hydres se placent les cordylophores, qui remontent nos cours d'eau avec un petit acéphale, la *Dreissena polyphorma*, sur la coquille duquel ils vivent. Ici, la colonie est nécessaire, et les polypes forment des groupes arborescents. C'est par bourgeonnement que se multiplient les polypes de la colonie, munis de tentacules pour saisir la proie. A un moment donné, les bourgeons, au lieu de donner des polypes nourriciers à tentacules, restent arrondis; leur cavité centrale ne s'ouvre point au dehors et dans la zone moyenne de leur corps se forment les corps reproducteurs des deux sexes; ces polypes semblent donc spécialement destinés à la reproduction, et leur forme spéciale oppose ces polypes reproducteurs aux polypes nourriciers de la première catégorie. C'est de l'œuf fécondé que sort l'oozoïte, polype initial de la colonie.

Les hydraires marins forment des colonies analogues à celles du cordylophore; l'intérêt de leur étude s'attache à l'étude des successions de formes qui se montrent parmi les polypes reproducteurs des diverses espèces.

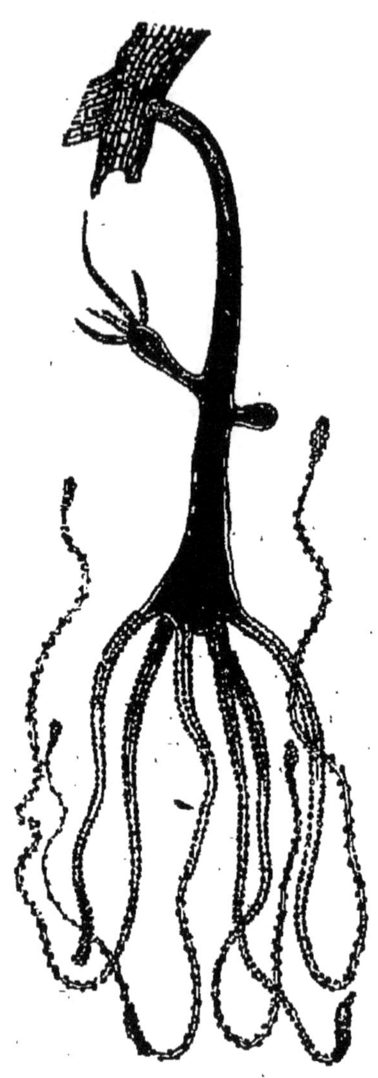

Fig. 44. — L'hydre d'eau douce.

En effet, dans certaines espèces, le bourgeon arrondi, rudimentaire, des cordylophores, prend de plus en plus l'allure d'un polype; une bouche se creuse à son centre et des tentacules déliés s'élèvent de son disque. Cependant sa forme globuleuse et le développement d'un repli en forme d'ombrelle destiné à supporter les tentacules conserve à ces polypes reproducteurs une allure spéciale, et l'apparition des corps reproducteurs affirme cette distinction.

Que le polype reproducteur ainsi conformé tende à se séparer de la colonie pour disséminer les corps reproducteurs et l'on passe à une forme libre qui est connue sous le nom de *méduse.* Le polype reproducteur rompt son pédicule, et nage dans l'eau ambiante comme une petite cloche dont le bord est orné de tentacules; c'est au centre de la cloche que s'ouvre la bouche qui donne issue aux œufs et aux spermatozoïdes.

Les rapports des méduses avec les colonies d'hydraires forment, à coup sûr, un des points les plus intéressants de l'histoire de ce groupe d'animaux; c'est une manifestation très précise d'une division du travail qui aboutit à une différenciation si complète entre les deux formes de polypes. L'œuf donne un polype nourricier initial, oozoïte, qui produit, par bourgeonnement, les blastozoïtes nourriciers formant la colonie et les blastozoïtes reproducteurs qui, dans le cas de la différenciation la plus grande, deviennent les méduses libres que nous avons décrites.

La tendance à la division du travail conduit à l'apparition de formes nouvelles parmi les individus de la colonie. Ainsi, dans l'*Hydractinia echinata* (fig. 45), on trouve à côté des *individus nourriciers* et des *individus reproducteurs,* des individus stériles, sans bouche, dont les uns, *individus tactiles,* sont allongés en filaments mobiles, tandis que les autres, *individus protecteurs,* sont des bourgeons effilés recouverts d'une couche de chitine.

Dans toutes ces colonies les polypes sont enfoncés dans une masse commune, comme dans les hydractinies, ou reliés par des ramifications couchées ou dressées, dendriformes, irrégulières ou pennées, incrustées plus ou moins profondément de chitine. Dans les millepores et les stylasters, le polypier devient pierreux et se rapproche

Fig. 45. — L'Hydractinie épineuse, sur une coquille de Buccin ondé.

de celui des madréporaires que nous retrouverons bientôt.

II. Les siphonophores.

Les colonies à individus polymorphes que nous venons de décrire, nous permettent de concevoir les colonies si complexes des siphonophores, étroitement apparentés aux hydraires. Tandis que les colonies d'hydraires sont fixées au support, celles des siphonophores sont libres, se mouvant à la surface de la mer où on les voit, par un temps calme, agiter leurs filaments transparents piquetés de taches aux couleurs éclatantes. Cette vie indépendante a entraîné pour l'ensemble de la colonie une tendance à la concentration de ses individus constituants et la division du travail a amené un polymorphisme qui atteint ici la complexité la plus grande.

Fig. 46. — Physophore distique.

Les physophores (fig. 46), constituent un type qui permet de schématiser une colonie de cette nature. Une tige grêle forme le centre de la colonie; elle se termine par une vessie hyaline, transparente, qui fait *vessie natatoire* et soutient l'ensemble à la surface; c'est un polype modifié; au-dessous, deux couronnes de *cloches contractiles* ouvertes, qui, par leur mouvement, font progresser la colonie : — au-dessous, des *individus tactiles*, en doigts de gant allongés; plus bas sont groupés les individus nourriciers et les individus reproducteurs. Les premiers ont la forme d'un calice largement ouvert, à bord continu; l'absence des tentacules est compensé par un long fil pêcheur enroulé en spirale, qui se détache de la base même du polype, et qui, continuellement en mouvement, se déroule pour atteindre la proie, et revient sur lui-même pour l'apporter à l'entrée du calice où se fait sa digestion. Les individus reproducteurs sont, comme ceux des hydraires, réunis en grappes, et ont la forme de sacs médusoïdes.

La vessie natatoire peut prendre un grand développement et former, comme dans les physalies, une large chambre terminale qui porte à sa base une rosette de calices et de méduses qui deviennent libres. Dans les vellèles, la vessie natatoire devient un triangle parcouru par des canaux aériens, et les polypes nourriciers et reproducteurs se fixent sous un disque qui porte le triangle et représente la tige aplatie.

Dans les calycophores, la vessie natatoire manque, mais les cloches contractiles se multiplient ou présentent un grand développement; d'autre part, les polypes nourriciers et reproducteurs se réunissent par petits groupes protégés par une grande lame ou *bouclier*, qui semble un individu modifié pour un rôle protecteur.

Telles sont les modifications de plus en plus complexes observées dans la série des hydroméduses, depuis l'hydre d'eau douce, qui manifeste une simple tendance à l'association coloniale liée aux conditions mêmes du milieu, jusqu'aux colonies si polymorphes des physalies et des calycophores. Cette première série étant connue, il est facile de grouper autour d'elle les séries divergentes et d'en suivre les caractères spéciaux et différentiels. Ces séries sont celles des éponges, des acalèphes, et des coralliaires.

III. Les éponges.

Les éponges forment des colonies massives ou arborescentes, rendues rigides par des fibres cornées (éponges cornées) ou par des spicules calcaires ou siliceux (éponges calcaires, éponges siliceuses). Ces colonies sont formées par la réunion de véritables polypes plus ou moins enfoncés dans la masse, reliés entre eux par des canaux intermédiaires, les plus superficiels étant en rapport direct avec l'extérieur, les autres profonds étant réduits à l'état des corbeilles arrondies.

Le polype éponge diffère du polype hydraire par l'absence de tentacules et par les nombreuses perforations ou pores qui font communiquer la cavité digestive avec l'extérieur, à travers la paroi du corps. Ces pores, dits inhalants, permettent aux liquides d'arriver dans la cavité digestive et un courant s'établit vers l'orifice de sortie, l'oscule qui correspond à la bouche. Toute colonie d'éponges peut se ramener à ce schéma et l'étude du développement montre que l'oozoïte ou polype initial sorti de l'œuf donne par bourgeonnement la colonie. Le groupement des fibres cornées, les formes multiples des spicules, leur ordonnance générale dans le parenchyme, donnent à ces colonies les variétés d'aspect qui ont fourni à Hæckel et à Bowerbank le sujet de leurs si intéressantes monographies, mais ces modifications sont très secondaires et l'état d'uniformité où se maintient la forme typique nous permet de les passer sous silence, dans cette étude générale.

IV. Le développement des acalèphes.

La série des acalèphes se relie étroitement aux formes coloniales d'hydraires dont les individus sexués deviennent des méduses libres. Ici, en effet, la méduse s'accentue à tel point qu'elle devient prédominante et forme la partie fondamentale de l'ensemble, la colonie nourricière se réduisant à son minimum. Le développement si considérable de la méduse acalèphe entraîne dans sa forme des caractères qui la distinguent nettement de la méduse hydraire, mais ce qui donne à ce groupe son cachet distinctif, est la façon dont se comporte la colonie qui produit la méduse. Les recherches de M. Sars et de P.-J. Van Beneden, nous ont révélé les phases de ce développement si particulier (fig. 47). Comme dans les hydraires, la larve issue de l'œuf, appelée *planula*, se fixe et donne un polype oozoïte, le *scyphistome* (1, 2), qui possède un tube digestif et des tentacules et joue le rôle de polype nourricier. Or ce polype, capable de bourgeonner latéralement pour former une colonie, comme dans les hydraires, s'allonge, puis, des étranglements successifs le découpent en segments superposés; le *scyphistome* devient ainsi une colonie d'individus superposés qu'on nomme *strobile* (3, 4). Les étranglements s'accentuent et chaque disque devient indépendant, se retourne

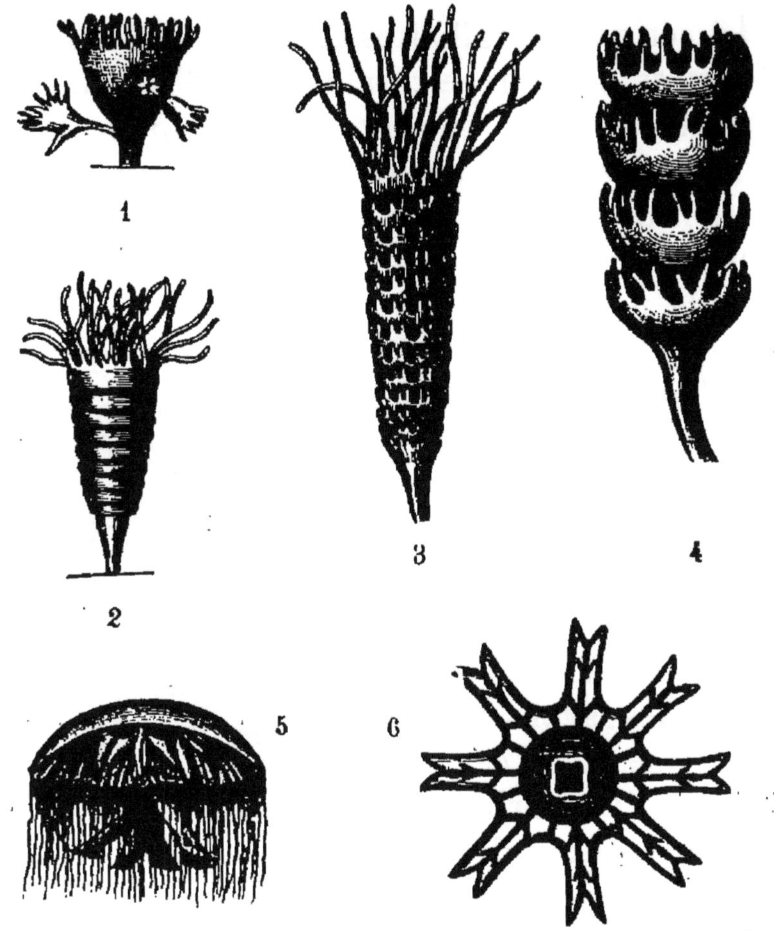

Fig. 47. — Développement de l'Aurélie rose (*Medusa-aurita*).

et se développe par des métamorphoses successives pour donner une méduse sexuée (5, 6). Nous assistons ici à la formation de colonies linéaires, mais les éléments qui les constituent ont des tentacules radiées et une symétrie radiaire qui les éloignent des colonies linéaires à symétrie bilatérale que nous trouverons chez les vers.

V. Le corail et les madrépores.

La série des coralliaires est parallèle à celle des hydraires. Le polype coralliaire se distingue nettement du polype hydraire par la supériorité de son organisation, et cette supériorité amène une fixation des caractères qui s'oppose au polymorphisme si complexe des siphonophores (fig. 48). Dans le polype coralliaire (fig. 49, B, B′), le sac digestif à orifice unique servant de bouche et d'anus, multiplie sa surface d'absorption par des replis saillants qui limitent des loges disposées comme des rayons autour d'une cavité centrale (*i*, *j*). De l'orifice part un repli qui descend dans cette cavité, formant une sorte d'œsophage indépendant de la cavité générale plus profonde (*h*, *m*). Ici l'individu nourricier est en même temps reproducteur, et sur les lames de la cavité digestive se développent les œufs et les spermatozoïdes qui sont rejetés par l'orifice avec les produits non assimilés. Cette courte description suffit pour indiquer la diffé-

Fig. 48. — Branche de corail.

rence très grande qui oppose les coralliaires aux hydraires : du reste, le polymorphisme cessant, on ne voit plus apparaître dans la colonie d'individus reproducteurs spéciaux, et la forme médusoïde ne se présente en aucun cas.

Si l'on suit l'intéressante étude de H. de Lacaze-Duthiers sur le corail, on voit l'œuf fécondé donner une larve ou planula qui se fixe et produit le polype initial ou oozoïte. C'est ce polype qui va bourgeonner, former les blastozoïtes qui, bourgeonnant à leur tour, constitueront la société coloniale qui forme le corail. Le corail comprend donc l'ensemble des polypes, la partie molle qui leur correspond, le sarcosome (A), et, d'autre part, le polypier, avec calcaire sécrété par les polypes et qui forme le support de la colonie.

Les polypes appartenant au groupe des coralliaires présentent dans la série des espèces une grande fixité dans leur organisation générale. On peut cependant y reconnaître deux types distincts : les uns ont huit tentacules bordés latéralement de deux lignes de dentelures ; ce sont les octactiniaires (fig. 49, B, *d*) ; les autres ont des tentacules lisses au nombre de six ou un multiple de six ; ce sont les polyactiniaires (fig. 50). Au premier groupe appartient le corail ; au second, les madrépores.

Les polypiers coralliaires présentent une multiplicité de formes qui a de tout temps attiré les collectionneurs, et un coup d'œil sur les galeries de nos musées consacrées à ces formations squelettiques permet de comprendre l'infinie variété de ces combinaisons. Tantôt ce sont des arbres ramifiés aux couleurs vives comme dans les coraux et les gorgones, ailleurs ce sont des masses

Fig. 49. — Coupe d'une portion de tige de corail (H. de Lacaze-Duthiers).

épaisses criblées d'étoiles (astrées) (fig. 50), ou parcourues par des rubans onduleux (méandrines); ailleurs ce sont des sortes d'éponges à lobes plus ou moins découpés (fongines) et si l'on plonge le regard dans les calices des madrépores où se trouvaient jadis les polypes de la colonie, on distingue dans chacun d'eux de fines lames plus ou moins saillantes, disposées comme des rayons, des baguettes minuscules, des planchers transparents, tout un système squelettique qui soutenait les parties molles du polype.

Il est intéressant de fixer l'attention sur des colonies d'octactinaires qui, au lieu de s'attacher au support, conservent une indépendance relative,

Fig. 50. — Astrée pâle.

enfonçant leur pied dans le sable et étant capables de déplacement. Ce sont, en quelque sorte, les siphonophores des coralliaires ; or c'est précisément dans des colonies libres ayant la forme de plumes (pennatules), de queue de paon (pavonarines), d'ombrelles (umbellulines), qu'on a observé une tendance au polymorphisme. Certains individus restent atrophiés, sans tentacules ni organes sexués et se transforment en siphons qui peuvent servir à la translation de la colonie par le mouvement d'eau qu'ils provoquent; ils sont très distincts des grands individus à la fois nourriciers et reproducteurs. Cette exception à la règle est intéressante à signaler, puisqu'elle correspond à une indépendance plus grande de la colonie qui, dès lors, manifeste une tendance à la division du travail.

CHAPITRE III

LES VERS ET LES COLONIES LINÉAIRES

Les colonies linéaires se rencontrent dans le vaste embranchement des Vers et on peut y suivre la même marche évolutive allant d'associations rudimentaires aux associations complexes et nécessaires correspondant aux colonies les plus élevées des siphonophores. C'est parmi les vers plats, non modifiés par le parasitisme, dans les turbellariés, qu'on trouve, à côté de la reproduction sexuée, la multiplication par scissiparité aboutissant à la formation de colonies transitoires, comprenant un certain nombre d'individus groupés en série linéaire. Ainsi, dans le *Microstomum lineare*, lorsque l'individu a atteint une certaine taille, il se produit un pincement qui tend à séparer sa partie antérieure de sa partie postérieure ; ce pincement détermine, dans la partie postérieure ainsi limitée, l'apparition d'une bouche et la transformation du segment en un individu nouveau. La partie antérieure se complète à son tour et l'animal initial a donné naissance à deux individus qui restent attachés au niveau de l'étranglement. Chaque moitié se comporte de la même façon et il se forme ainsi une chaîne de quatre individus qui se scindent une dernière fois, en sorte que la colonie linéaire se compose alors de huit individus, qui deviennent libres par rupture de la chaîne en tronçons irréguliers.

Si l'on passe des vers plats libres aux vers plats rubanés parasites, on se trouve en présence de colonies linéaires où le nombre des individus associés peut devenir considérable. C'est le cas des tænias ou vers solitaires. Il se passe ici un phénomène analogue à celui que nous avons observé dans les acalèphes.

Si, en effet, on considère comme secondaires et destinées à assurer les migrations du parasite les phases d'embryon hexacanthe par laquelle passe la larve issue de l'œuf, on peut considérer la tête du cysticerque provenant de cet embryon comme représentant le scyphistome des acalèphes, qu'on nomme ici le scolex. La phase strobile a son analogue dans le bourgeonnement de cette tête qui donne la longue série des anneaux du tænia, proglottis ou cucurbitains, véritables polypes reproducteurs qui, à la maturité, se séparent de la colonie pour assurer la dispersion des œufs fécondés. Ici la division du travail assure au strobile initial, oozoïte, le rôle directeur et la puissance du bourgeonnement continu. Du reste, la colonie entière, étant plongée dans le milieu nutritif, n'avait pas besoin d'individus nourriciers, comme dans les colonies de polypes.

Dans le tænia (fig. 51) on peut donc considérer

chaque anneau comme un individu générateur et la reproduction asexuée semble mettre en lumière ce caractère, mais il est évident que, dans les autres vers annelés, l'individu nécessite le groupement de plusieurs anneaux qui forment dans leur ensemble une unité distincte. Ces individus complexes des vers annelés présentent la même tendance coloniale que les individus formés d'un seul anneau appartenant aux vers plats.

Parmi les annélides des eaux douces, les *Naïs* et les *Chætogaster* réalisent de semblables colonies linéaires ; parmi les annélides marines, les *Autolytus* sont particulièrement intéressantes à ce point de vue. L'*Autolytus prolifer* est un véritable scolex qui produit, par bourgeonnement répété, suivant l'axe longitudinal, les vers sexués mâles et femelles, si différents de l'*Autolytus* qu'on les a rangés tout d'abord dans les genres *Sacconereis* et *Polybostrichus*. La myrianide devient de même la souche d'une colonie linéaire d'individus sexués. Enfin la *Syllis prolifera*, si bien étudiée par M. de Quatrefages, se découpe, par la formation de têtes intermédiaires, en une série d'animaux qui se détachent à mesure qu'ils arrivent à maturité sexuelle.

Ces associations coloniales sont intéressantes parce qu'elles forment un passage entre les êtres simples et les êtres coloniaux. La division du travail entraînant, dans une colonie donnée, une distinction de plus en plus tranchée entre les individus qui la constituent, et cela, en mettant en relief la partie destinée au but spécial à remplir, il s'ensuit que chaque individu passe insensiblement à l'état d'organe. C'est la transformation de l'individu en organe adapté à une des fonctions de l'ensemble, qui fait de la colonie une individualité collective s'affirmant comme un ensemble définitif. Les colonies de siphonophores constituent une des formes de passage les plus nettes et il en est de même des colonies flottantes des pyrosomes et des associations rampantes de cristatelles. Dans les colonies linéaires, le passage est insensible et conduit aux êtres annelés qui forment des individus constitués par des anneaux multiples, et dont l'organisation métamérique rappelle l'origine par bourgeonnement d'individus primitivement distincts.

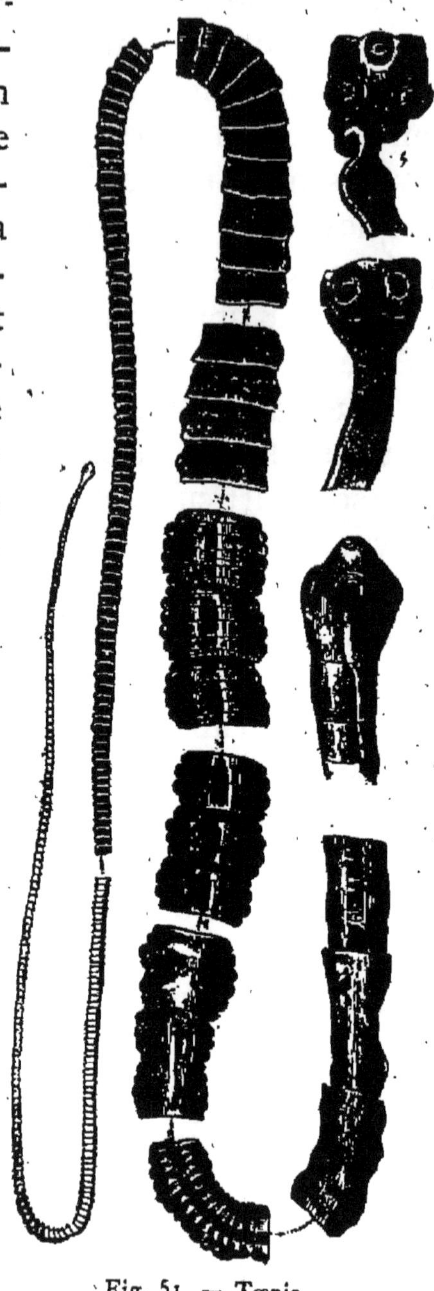

Fig. 51. — Tœnia.

Les développements précédents mettent en

évidence la différence qui existe entre ces sociétés coloniales et les associations des vertébrés et des insectes. Dans le premier cas, ce sont des êtres issus par bourgeonnement d'un être initial qui conservent avec lui des rapports plus ou moins persistants, plus ou moins durables; la colonie provient d'un seul œuf initial et la génération asexuée multiplie les individus coloniaux. Dans les sociétés supérieures, chaque individu prenant part à la constitution de l'ensemble sort d'un œuf distinct, il apporte en lui une indépendance absolue, n'ayant aucune relation d'origine asexuée avec ses associés, ce n'est plus un bourgeon mais un tout complet, formant à lui seul une petite colonie, et qui s'unit à ses semblables pour le plus grand bien de l'individu et de l'espèce.

CHAPITRE IV

LES COLONIES COALESCENTES DES ECHINODERMES, DES ARTHROPODES, DES MOLLUSQUES ET DES VERTÉBRÉS.

Si l'on quitte les types animaux que nous venons d'étudier, on se trouve en présence de formes qui, au premier abord, ne peuvent se ramener à une colonie d'individus modifiés. L'individualité des anneaux constituants est tellement effacée, la subordination de tous les éléments à une direction générale est si grande, qu'il est impossible de ne pas faire un tout indivis de l'animal considéré. L'oursin, l'insecte, le mollusque, le vertébré se présentent à l'observateur avec ce caractère et nous donnons sans discussion le nom d'individu aux représentants de ces types divers.

Et cependant, ces individualités nettement différenciées, se rattachent par tous les intermédiaires aux colonies radiaires ou linéaires, et si l'on s'adresse à leur développement embryonnaire qui résume les phases successives de l'évolution de l'espèce, on trouve des preuves certaines que ces individus sont en réalité des formes coloniales.

Les individus ainsi unis perdent peu à peu

leur personnalité et l'un d'entre eux prend d'une façon si puissante la direction d'une semblable association, que ses associés deviennent de simples organes subordonnés. Cet individu absorbe peu à peu la colonie tout entière, les segments perdent leur autonomie et leur liberté d'action, et de cette subordination absolue, provient un ensemble colonial qui prend l'allure d'un individu unique.

Dans les Echinodermes, les bourgeons qui naissent sur les flancs de l'individu nourricier issu de la larve, deviennent de simples bras d'abord reproducteurs et moteurs, (asteries), ailleurs simplement moteurs (ophiures), ailleurs fusionnés en un tégument protecteur (oursins et holothuries) et les rapports nerveux et vasculaires sont si étroits entre ces formations périphériques et le centre, que nous réunissons toutes ces parties pour n'en faire qu'un individu unique.

De même pour l'insecte, le crustacé, l'arachnide, le myriapode, bien que le développement nous montre la formation successive des anneaux en véritables colonies linéaires, l'adulte se présente à nous avec une fusion anatomique, physiologique et psychologique si complète, que nous faisons un individu de cette colonie si profondément modifiée.

Le même raisonnement s'applique aux Mollusques qui se relient d'une façon si étroite aux annélides céphalobranches et aux vertébrés dont les affinités embryonnaires sont si évidentes. Ces derniers possèdent de véritables organes segmentaires, et la loi qui préside au développement de leurs segments est la même que celle du développement des colonies linéaires.

En réunissant tous les faits acquis sur l'anatomie, la physiologie et le développement de ces métazoaires supérieurs, Ed. Perrier a donné à sa théorie des colonies animales des preuves décisives. Il me serait impossible, sans dépasser les limites de cet ouvrage, d'aborder comme l'a fait le savant professeur du Muséum, la discussion des découvertes qui permettent d'établir cette conclusion sur des bases solides. Je lui emprunte les conclusions de son travail :

« Quatre grandes divisions du règne animal, quatre *embranchements* doivent leur origine à ce mode fécond de groupement des individualités primitives : les vers annelés, les mollusques, les articulés et les vertébrés, et chacun d'eux est caractérisé par un degré particulier de fusion des organismes élementaires qui le composent. Chez les vers annelés, les zoonites (ou anneaux) sont à peu près indépendants : non seulement à l'extérieur, les limites de chacun d'eux sont parfaitement déterminées, mais encore, à l'intérieur, des cloisons plus ou moins complètes séparent leurs domaines respectifs ; les organes appartenant à un individu ne peuvent, en conséquence, s'éloigner de lui ; ils ne contractent d'union que rarement avec les organes homologues des individus voisins ; le caractère colonial de l'animal apparaît dans toutes les parties de son corps. Chez les articulés, la segmentation extérieure demeure évidente au plus haut point; chaque anneau du corps a son squelette cutané, ses membres, et d'un anneau à l'autre, toutes ces parties sont construites sur le même type; mais les cloisons intérieures ont disparu; les organes se répètent d'abord régulièrement et demeurent plus ou moins indépendants comme chez les myriapodes; mais aucune cloison ne les maintient séparés. Les progrès de l'accroissement arrivent à mettre en contact des organes de même nature, et ces organes se soudent, se fusionnent de mille façons. Les cloisons protectrices de l'individualité des zoonites manquent aussi chez les vertébrés, et là, les tissus extérieurs ne possédant pas la faculté de s'encroûter de chitine ou de calcaire comme ceux des articulés, la segmentation laisse peu de traces extérieures : elle se manifeste encore cependant d'une façon assez nette dans les types inférieurs, par un plissement régulier de la peau qui correspond à la division en segments de l'appareil musculaire du tronc, division à laquelle se rattache, à son tour, la segmentation du squelette, mais aucune barrière ne se trouvant opposée ni à l'intérieur, ni à l'extérieur, à la soudure et au déplacement des parties, les adaptations produisent des modifications plus considérables encore que dans les groupes précédents; les *organes coloniaux* tendent à se substituer plus complètement aux séries *d'organes zoonitaires*. Il faut appeler à soi toute la puissance de pénétration de l'embryogénie et de l'anatomie comparées pour arriver à reconstituer nettement le type colonial primitif.

» Enfin, chez les mollusques, des conditions d'existence toutes particulières ont déterminé une transformation plus profonde encore de cet *être collectif*, la *colonie linéaire*. Là aussi, les cloisons de séparation des zoonites ont disparu, les téguments de l'animal, protégés par un étui solide continu, sans lien direct avec eux, n'ont produit aucun organe de soutien qui put maintenir quelque démarcation extérieure entre les individus primitifs. Ces individus se sont en conséquence fusionnés aussi bien extérieurement qu'intérieurement. Mais, en outre, le mollusque s'est trouvé dans cette situation exceptionnelle de n'être en rapport avec le monde extérieur que par la partie de son corps la plus voisine de l'orifice unique du tube dans lequel il vivait. De là une concentration vers cette région de toutes les fonctions de relation, un surcroît d'activité, un excès d'accroissement de la partie céphalique de l'animal d'où est résulté, par un balancement nécessaire, une diminution correspondante des parties cachées dans la coquille : par ces deux causes, les organes zoonitaires se trouvent modifiés dans leurs proportions et dans leurs rapports d'une façon plus considérable que partout ailleurs, sans que pour cela l'organisme tout entier s'élève à une bien grande puissance. Son unité paraît absolue, son indivisibilité incontestable; il semble qu'on ait affaire à un type tout à fait nouveau, mais une analyse plus rigoureuse tenant compte des influences qui ont pu entrer en jeu pour modifier les organes, arrive sans difficulté à reconstituer le type primitif dont les mollusques sont plus rapprochés d'ailleurs que les vertébrés. »

Ainsi, dans la série des métazoaires, la colonie peut devenir un individu. Si l'on donne le nom d'*individu métazoaire simple* à l'individu qui n'a pas cette provenance, on passe par la *colonie* de semblables individus à l'*individu colonial* où la coalescence amène les dispositions fondamentales que nous venons d'étudier.

CHAPITRE V

LES SOCIÉTÉS CHEZ LES PROTOZOAIRES.

L'étude précédente n'a embrassé que les types sociaux qui se rencontrent parmi les êtres formés de cellules nombreuses, que l'on réunit sous le nom de Métazoaires. Pour être complet, nous devons jeter un coup d'œil sur les Protozoaires, êtres formés d'une cellule unique, mais chez lesquels on peut déjà saisir une tendance très nette à formation de sociétés. Il semble du reste que si l'union fait la force, cette maxime doive s'appliquer surtout à ces êtres minuscules qui ont à lutter contre des causes de destruction si puissantes.

La forme animale la plus simple qui se puisse concevoir comme différenciée d'une façon suffisante pour constituer un individu, est une gouttelette de matière albuminoïde vivante, sarcode ou protoplasma, affirmant par ses manifestations vitales ses caractères d'être animé. Une telle gouttelette est une *monère.*

Qu'une différenciation se produise dans la masse du sarcode et donne par condensation un corpuscule interne arrondi ou noyau, et l'être est classé parmi les *amibes*.

Les amibes sont capables de se protéger en sécrétant une coquille calcaire ou en formant des spicules siliceux qui traversent le sarcode en rayonnant. Dans le premier cas, ils sont nommés *foraminifères;* dans le second, *radiolaires*.

Dans tous ces cas, le sarcode est nu, sans membrane d'enveloppe dépendant de sa masse et limitant sa forme extérieure. Cette membrane cuticulaire s'affirme dans la classe des *infusoires*, êtres unicellulaires où la différenciation du sarcode atteint un degré fort élevé.

Dans tous ces êtres, la multiplication des individus se fait par division. Mais, à côté de cette multiplication par scissiparité, se montre, partout où des observations complètes ont été poursuivies, une sorte de copulation cellulaire, s'affirmant comme une véritable fécondation entre une cellule femelle, l'oosphère, et une cellule mâle, l'androsphère. Il y a échange de protoplasma entre deux êtres monocellulaires et de cette union transitoire, de cette fusion d'éléments, provient une excitation spéciale qui rajeunit le protoplasma et le rend apte à évoluer pour donner un être nouveau.

Tant que le milieu est favorable, tant que l'aliment est abondant, l'être n'a que la préoccupation de multiplier le nombre des individus de son espèce. Mais si la disette arrive, si des modifications nocives se manifestent, la conservation de l'espèce prime toutes les autres conditions de la vie de l'être et la fécondation intervient qui produit un œuf capable d'attendre dans un état de vie latente, sous une enveloppe protectrice résistante, le retour des temps meilleurs. Les individus produits par scissiparité disparaissent, mais l'œuf persiste et avec lui la certitude de l'avenir de l'espèce.

Beaucoup de protozoaires mènent une vie indépendante, se mouvant dans l'eau ou dans le sol humide, à la surface des végétaux submergés, chaque cellule formant un individu nettement caractérisé. Mais dans beaucoup d'espèces, on constate une tendance à former des societés qui sont soit des *colonies*, soit de véritables *associations*.

Les colonies de monères ont été mises en évidence par les recherches de Hæckel sur le *Myxodictyum sociale* et de Schneider sur la *Monobia confluens*. Les individus formés par bipartition restent unis par de fins prolongements sarcodaires, en nombre plus ou moins considérable.

Les amibes munies ou non de carapaces peuvent constituer aussi de semblables colonies, c'est dans le groupe des infusoires que se montre définitivement établies des colonies ayant une forme déterminée et une allure caractéristique.

Les infusoires comprennent deux séries parallèles : ceux qui se meuvent à l'aide d'un long fouet ou flagellum prennent le nom de *flagellates*, ceux dont le corps est couvert de cils minuscules assurant le mouvement sont les *ciliés*.

Beaucoup de flagellates s'unissent en colonies et ces colonies, comme celles des hydroméduses, sont adhérentes au support ou mènent une vie libre dans le milieu liquide qui les entoure.

Parmi les colonies fixées on note les dispositions les plus variées, la formation cuticulaire constituant un véritable polypier pouvant affecter les dispositions les plus diverses. Dans la plupart des cas, le flagellate commence à former son calice, gaine cuticulaire par l'orifice de laquelle fait saillie le flagellum de l'animal. Ces calices sessiles peuvent s'unir par leur base, divergeant vers la périphérie comme les rayons d'une étoile (*Uvella virescens*); ou bien ils se disposent en véritables séries linéaires (*Dinobryon sertularia*) ; ailleurs ce sont des capitules portés par un pied commun (*Anthophysa vegetans*) ou groupés à leur tour sur des pieds secondaires (*Cephalothamnium cyclopum*). Dans certains cas, le pied qui supporte le calice est droit et les calices portés par de longs pédicelles s'y disposent en véritable ombelle (*Codoriga botrytis*). Ailleurs les ramifications du pied prennent un grand développement et donnent à l'ensemble un aspect dendriforme irrégulier (*Cladomonas fruticulosa*), corymbiforme (*Dendromonas virgaria*); ailleurs terminé par des branches élargies et portant des houppes de calices (*Rhipidodendron splendidum*). Cette variété correspond à celle offerte par les colonies d'hydraires fixées que nous avons étudiées.

Les colonies libres sont de véritables siphonophores, comparées aux précédentes. Ici, les individus sont réunis par une gelée épaisse qu'ils sécrètent, et leurs flagellums saillants à la surface impriment à l'ensemble un mouvement de rotation qui amène la progression de la colonie. Les Volvox (fig. 53), les Pandorines, les Stephanosphœra appartiennent à cette série. Chaque individu est capable de diviser son contenu pour former des individus associés qui constituent une nouvelle colonie. Les colonies jeunes deviennent

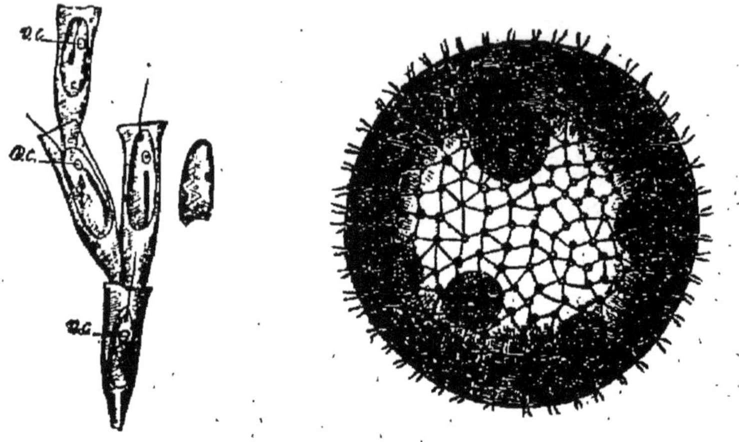

Fig. 52. — Dinobryum sertularia. Fig. 53. — Volvox tournoyant.

libres par la dissociation de la colonie mère. Dans des conditions particulières du milieu, les individus des colonies filles se séparent, deviennent libres, puis s'unissent deux à deux, se comportant comme des éléments sexués, et le protoplasma provenant de leur union se divise pour former une colonie nouvelle.

Ainsi, des cellules peuvent devenir indépendantes et se fusionner ensuite pour constituer un individu nouveau; c'est un acte sexuel, dans toute l'acception du mot, et cette combinaison sert de point de départ aux sociétés d'individus protozoaires qui s'unissent après avoir mené une vie libre pendant un temps variable.

Il y a en effet dans cette série de nombreux exemples d'associations de cette nature.

Les associations de flagellates ne sont pas toujours aussi intimes que celles que nous venons de décrire. Dans certains cas, il y a simple groupement d'individus conservant la liberté et se rapprochant pour obéir à des conditions particulières du milieu. Les noctiluques, qui donnent à la mer la phosphorescence si connue, sont dans ce cas. Ils font le passage aux flagellates qui ne s'unissent pas aux individus de leur espèce.

Les infusoires ciliés ont une tendance bien peu accusée vers la formation de colonies, mais ils se réunissent souvent en troupes nombreuses, et c'est presque par exception qu'ils se fixent, comme certains stentors, à proximité les uns des autres; il semble que, plus agiles, doués de mouvements plus vifs, ils ne recherchent point la vie sédentaire si favorable au développement des colonies.

Il est évident que ces êtres si ténus cherchent à présenter aux conditions nocives du milieu, une masse plus résistante et plus forte pour lutter avec avantage. Ici, les colonies et les premiers linéaments de véritables associations sont très voisines dans leurs traits généraux; mais cependant, ce fait que des individus libres, menant à un moment donné, une vie libre, se rapprochent, pendant un temps plus ou moins long, indique le caractère de l'association qui, d'abord indifférente, puis réciproque, conduit aux sociétés persistantes des métazoaires supérieurs.

Si nous nous reportons aux conclusions de notre étude sur l'individualité de Métazoaires, nous pouvons établir qu'en partant de la cellule initiale unique, l'individu unicellulaire des Protozoaires, les colonies de Protozoaires, l'individu pluricellulaire simple, les colonies d'individus simples, l'individu colonial, forment les étapes successives de l'individu dans la série des animaux.

Ce coup d'œil jeté sur les formes que présente les sociétés coloniales dans la série des animaux Protozoaires nous permet de suivre le passage graduel qui relie la cellule à l'individu pluricellulaire muni d'organes nombreux. Les sociétés des monères et des amibes conduisent à la conception de la formation de tissus constitués par de nombreuses cellules. Cette association de cellules forme, dans le principe, des individus pluricellulaires issus des individus monocellulaires. Mais ces individus pluricellulaires, s'associant entre eux à leur tour, constituent des colonies où la division du travail tend à séparer les individus en castes distinctes, et chacun d'eux, se différenciant dans un but donné, tend à se transformer en organe. Dès lors, la colonie devient un individu comprenant une multitude d'organes adaptés aux fonctions diverses. Plus la fusion des organes sera grande, plus s'affirmera la transformation de la colonie en un individu distinct. L'individu peut donc être un être monocellulaire, un être pluricellulaire simple ou un être pluricellulaire colonial. Le passage de la colonie à l'individu colonial est graduel, comme le passage des individus adaptés à une fonction donnée, aux organes constituant d'un individu colonial, et de cette façon s'établit la série sur laquelle Edmond Perrier a fondé son ingénieuse théorie de la formation des organismes.

Cette conception de l'individu permet de considérer la colonie comme un individu colonial dans lequel la coalescence des éléments constituants est réduit à son minimum. Dès lors, la *colonie*, comme l'individu, quels que soient ses caractères, peut constituer des *associations* avec ses semblables.

Nous terminons ainsi l'exposé des faits se rapportant à l'histoire des sociétés chez les animaux ; par l'évolution coloniale, les formes unicellulaires simples des protozoaires ont servi de point de départ aux étapes successives que l'animal a franchies pour arriver aux formes coalescentes de l'individualité la plus complexe. Et ces types unicellulaires simples, possédant déjà la tendance à s'unir pour la lutte pour l'existence ont, d'autre part, présenté les premières manifestations sociales qui devaient conduire aux associations permanentes des vertébrés supérieurs. Ainsi s'est constituée cette longue chaîne qui relie d'une façon si étroite les mille et mille combinaisons que nous trouvons réalisées dans le règne animal.

FIN.

TABLE DES MATIÈRES

DEUXIÈME PARTIE

LES ASSOCIATIONS CHEZ LES INVERTÉBRÉS.

TROISIÈME PARTIE

LES COMMENSAUX ET LES PARASITES.

QUATRIÈME PARTIE

LES SOCIÉTÉS COLONIALES.

6762-90. — CORBEIL. IMPRIMERIE CRÉTÉ.

ZOOLOGIE, BOTANIQUE

LE TRANSFORMISME

Par Edmond PERRIER

Professeur au Muséum.

1 vol. in-16, avec 80 figures. . . . . 3 fr. 50

L'auteur étudie la doctrine transformiste pour arriver à une explication du monde vivant. Il fait connaître les origines de la question, ce qu'elle était avec Lamarck, Geoffroy Saint-Hilaire, Ch. Darwin et Hæckel, ce qu'elle est devenue entre les mains des naturalistes de l'époque actuelle, et comment elle est arrivée à grouper en un même faisceau les données si longtemps éparses de la paléontologie, de l'anatomie comparée, des sciences descriptives, et de l'embryogénie. En laissant de côté les hypothèses, il résume ce que l'on a réussi à savoir de plus précis sur l'origine des formes actuelles du Règne animal et sur celle de l'Homme.

SOUS LES MERS

Campagnes d'explorations du TRAVAILLEUR et du TALISMAN

Par le marquis de FOLIN

Membre de la Commission scientifique d'exploration des grands fonds de la Méditerranée et de l'Atlantique.

1 vol. in-16. avec 46 figures. . . . . 3 fr. 50

LA BIOLOGIE VÉGÉTALE

Par P. VUILLEMIN

Chef des travaux d'histoire naturelle à la Faculté de Nancy.

1 vol. in-16 avec figures. . . . . 3 fr. 50

ENVOI FRANCO CONTRE UN MANDAT POSTAL

www.ingramcontent.com/pod-product-compliance
Ingram Content Group UK Ltd.
Pitfield, Milton Keynes, MK11 3LW, UK
UKHW020159250726
13967UKWH00003B/1155